AF472735

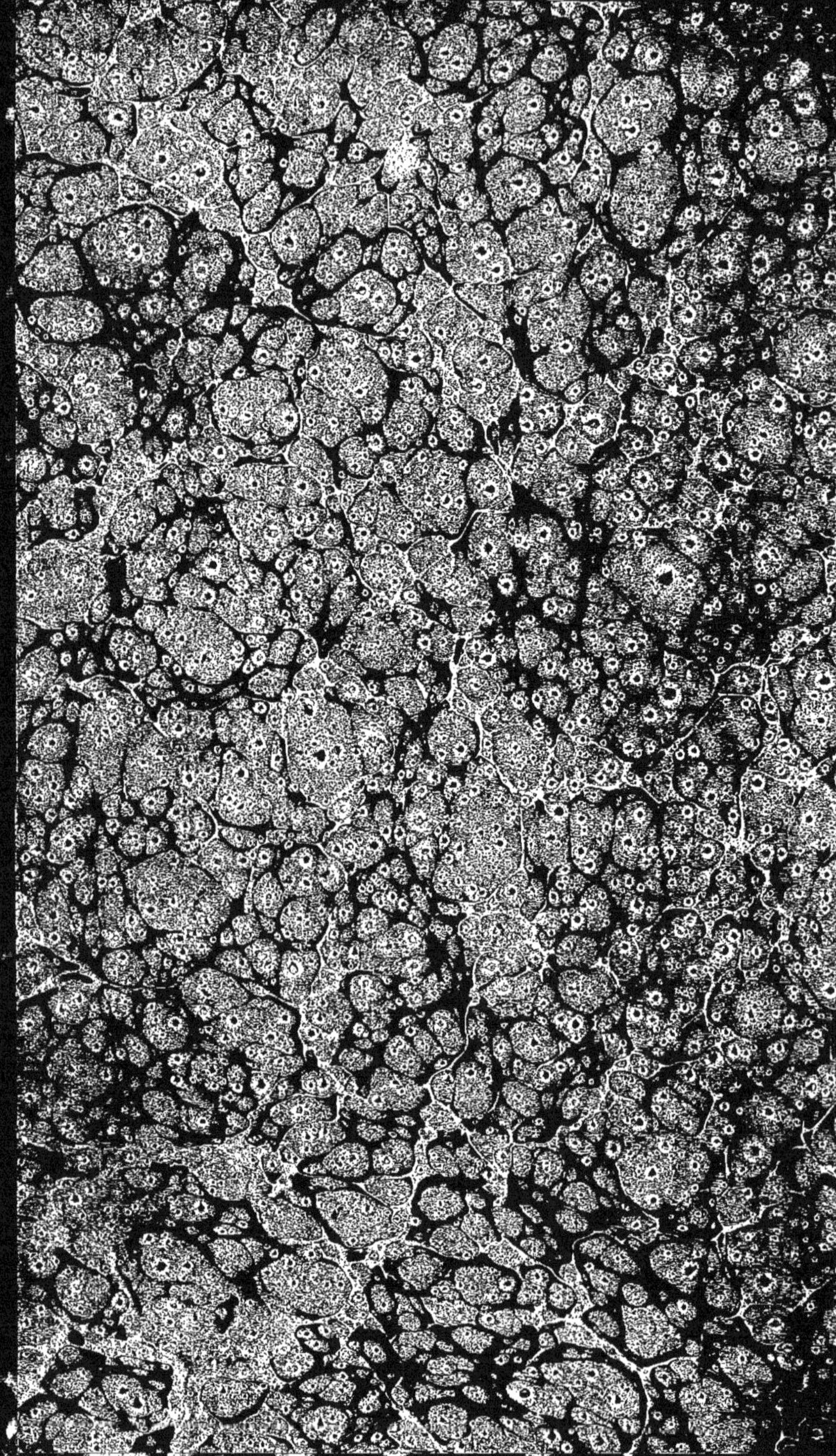

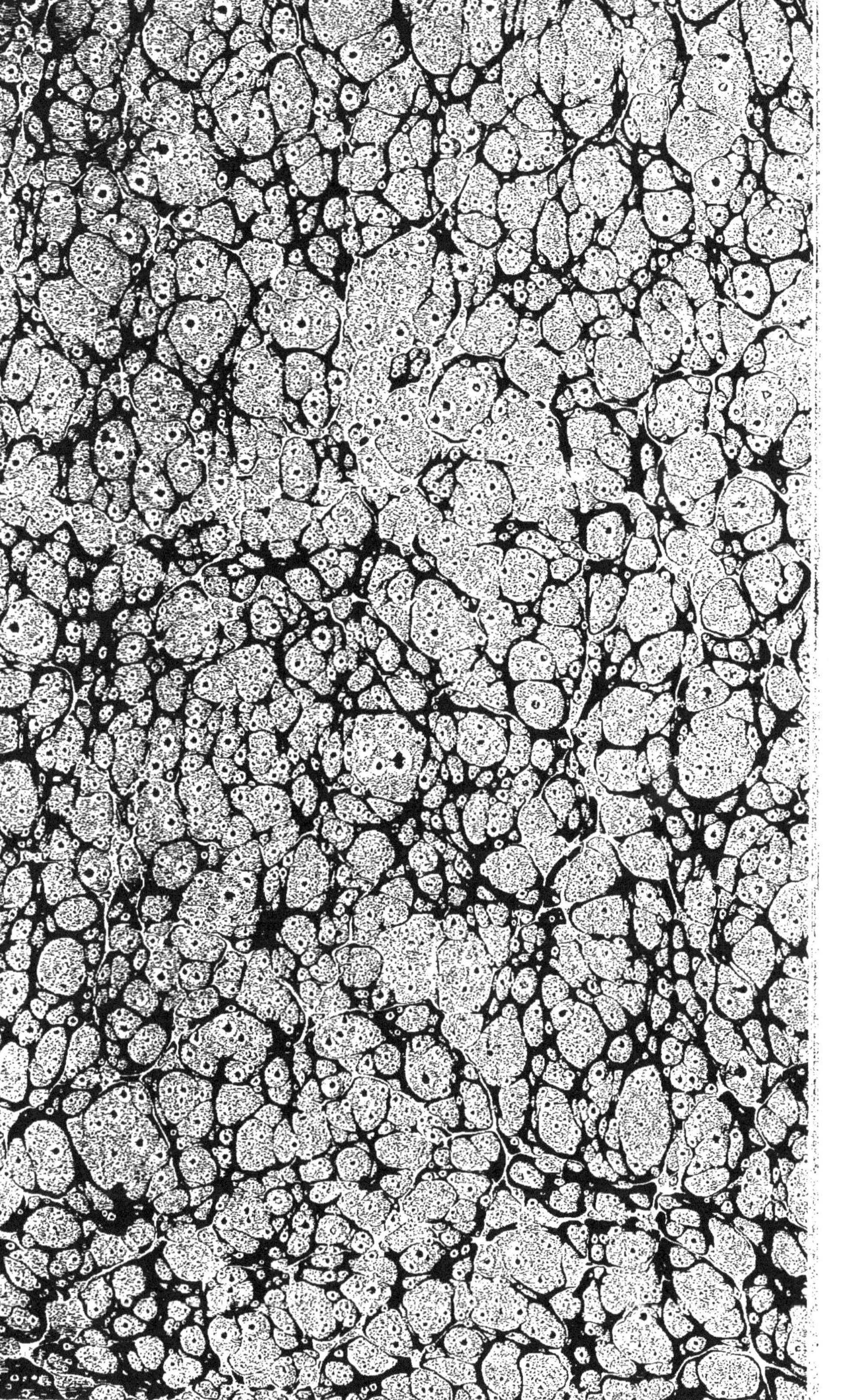

DE L'ACTION

DES

# COMPOSÉS FERRUGINEUX SOLUBLES

SUR LA VÉGÉTATION,

ET DE LEUR APPLICATION

## AU TRAITEMENT

DE DIVERSES ALTÉRATIONS MALADIVES

**DE LA PLANTE;**

PAR M. EUSÈBE GRIS,

Chargé des Cours de Chimie et de Botanique au collége de Châtillon-sur-Seine, Secrétaire du Comité d'Agriculture de l'arrondissement, Membre correspondant de l'Académie des Sciences et Belles-Lettres de Mâcon, de la Société polytechnique de Paris, etc.

DEUXIÈME ÉDITION,

Corrigée, augmentée, précédée d'une Préface, et suivie de la Réponse aux Objections; du Procès-verbal de la Séance du Comité Agricole de Châtillon, du 2 juillet 1843; du premier Rapport de sa Commission, et d'un Appendice où sont consignées quelques expériences chimiques.

PARIS,

Chez **LECLERC**, Libraire, rue Sorbonne, 5,
**BOUCHARD-HUZARD**, rue de l'Éperon, 7,
**COUSIN**, rue Jacob, 21;

CHATILLON,

Chez **CHEVALLOT** et chez **TAGNOT**, Libraires.

1843.

# PRÉFACE.

On lit ce qui suit dans la *Maison Rustique du 19e siècle*, excellent ouvrage, dont on ne saurait trop conseiller la lecture aux agriculteurs qui désirent se rendre véritablement dignes de ce nom.

« Les plantes aussi bien que les animaux sont » sujettes à des désordres et à des infirmités qui » peuvent altérer leur santé, les empêcher de » remplir le but qu'on se proposait en les cul- » tivant, et même amener leur fin prochaine. » Mais il faut l'avouer; si la médecine appliquée » à l'espèce humaine est encore un art empi- » rique, bien souvent trompé par la variété in- » finie des maladies, la pathologie végétale est » encore tout-à-fait dans l'enfance, aussi bien » pour la connaissance des affections maladives, » que pour celle des moyens curatifs. Les cul- » tivateurs ont recueilli quelques faits isolés, » incomplets, ont proposé quelques remèdes » empiriques; un petit nombre de physiologistes » ont cherché à en former un corps de doctrine. » MM. Tessier, dans son *Traité des maladies des*

» *grains*, Bosc, dans le *Cours d'Agriculture*, de
» Candolle, dans sa *Physiologie végétale*, Duhamel, de Mirbel, Turpin, etc., se sont plus
» ou moins occupés de ce sujet difficile; mais
» il laisse encore beaucoup à désirer.»

Humble et obscur travailleur, me sera-t-il permis de me présenter à la suite de ces noms illustres?

J'ai l'espoir qu'un pas de plus est fait dans la carrière ingrate parcourue par les hommes qu'on vient de nommer.

Je propose un traitement que je crois rationnel, méthodique, aux affections pathologiques de la plante, affections connues sous le nom de *débilité*, *étiolement*, *chlorose*, *ictère*, *phthisie végétale*, *consomption* (Plenck); affections qui sont le résultat de causes diverses dont la liste seule nous entraînerait trop loin ([1]).

A ces maladies, l'ouvrage d'agriculture cité plus haut, conseille d'opposer « une bonne ap-
» propriation des végétaux aux diverses natures
» de terre, l'amélioration du sol par des amen-
» dements et des engrais convenablement
» choisis.»

Je propose d'attaquer ces maladies de *front*, *directement*, par les composés ferrugineux solu-

([1]) Il y aura des essais à faire sur les maladies connues sous le nom de : *le blanc*, *le rouge*, *la rouille*; mais je n'oserais pas garantir le succès.

bles, sulfate, chlorure, pyrolignite de fer. Les deux premiers sels ont été appliqués; j'essaierai avant peu le troisième. Je propose en un mot le fer, ou mieux, ses composés solubles, comme *spécifiques* (s'il est permis d'employer ce mot) de la chlorose, de la débilité des plantes.

En conseillant ce traitement, je m'appuie sur les nombreux rapprochements qu'on peut établir entre la *chlorophylle*, *chromule*, *globuline* de la plante, et l'*hématosine*, la *cruorine* du sang. Ces rapprochements sont frappants. (Voir la première partie de la *Notice* et surtout la note, page 22.)

Ces rapports pourront paraître singuliers, bizarres, que sais-je? peut-être plaisants à quelques personnes : de quoi ne plaisante-t-on pas en France? Nous rirons des bons mots, et nous aurons raison; puis on finira par les oublier, et les résultats resteront.

Que répondre à la démonstration suivante [1] :

---

[1] Je ne saurais trop conseiller aux personnes peu familiarisées avec la nomenclature et les connaissances chimiques, de négliger la partie théorique de ce travail, et de n'étudier que son côté pratique. Peu importe en général à l'horticulteur ou à l'amateur *comment* le fer agit. On pourrait écrire à ce sujet des volumes. Combien n'en a-t-on pas écrit pour expliquer l'action de ce métal, ainsi que celle du quinquina, etc., etc., sur l'espèce humaine. Rien n'est encore décidé sur ce point.

L'essentiel pour le plus grand nombre de mes lecteurs,

J'ai une plante languissante, *chlorosée*, soit d'un sol calcaire, soit d'un sol alumino-siliceux; je suis menacé de la perdre; je la soumets en vain, comme je l'ai fait cette année, à l'action d'une eau vantée par les jardiniers-fleuristes, eau dans laquelle on fait macérer une certaine quantité de colombine, etc., je n'obtiens aucun effet: après trois mois de ce traitement, j'applique à ma plante quelques arrosements au chlorure ou au sulfate de fer. Au bout de 8 ou 15 jours, elle commence à se ranimer; je m'aperçois que toutes les nouvelles feuilles s'épanouissent vertes et vigoureuses; que le plus souvent la chlorophylle des anciennes feuilles chlorosées verdit d'abord sur les principales nervures, puis enfin sur toute la surface du limbe. Ma plante renaît; elle est guérie.

Alors je détache du végétal une de ses feuilles; je la plonge dans un infusé de noix de galle préparé avec de l'eau distillée. Je détache d'autre part, d'un végétal de la même espèce, non soumis au traitement ferrugineux, une feuille égale en largeur à la première, et je la plonge pareillement dans l'infusion de noix de galle, dont j'ai eu

---

c'est que les composés ferrugineux solubles réussissent; l'important, c'est de savoir à quelles doses, dans quelles circonstances, sous l'influence de quelles précautions ils réussissent. Je renvoie sur ces points à la première partie de ma Notice, et au procès-verbal de la séance du Comité.

soin de conserver moitié. Les deux infusions finiront par brunir (toutes les plantes contiennent du fer); mais l'effet sera beaucoup plus prompt, plus sensible dans le premier cas, et la feuille se couvrira peu à peu d'un faible enduit de tannate de fer. Et je n'admettrai pas que le fer a agi par lui-même! spécialement! Si l'on me soutient que dans cette circonstance ce sont le sulfate ou le chlorhydrate de chaux, le sulfate ou le chlorhydrate d'alumine qui agissent, il faudra bien m'accorder que, dans le traitement de la chlorose humaine par le mélange de sulfate de fer et de carbonate de potasse, c'est le sulfate de potasse qui agit; que dans le traitement de la même maladie par le tartrate de potasse et de fer, c'est le tartrate de potasse qui opère.

Pense-t-on que beaucoup de praticiens seront de cet avis? Les bons effets du *fer* dans ces affections n'ont-ils pas été constatés par des siècles d'expériences?

Je ne sais si je me trompe; mais la théorie que je propose, et que j'ai d'abord présentée avec une craintive hésitation, me semble de jour en jour plus soutenable, plus admissible. En trouve-t-on beaucoup, dans les sciences naturelles, qui soient aussi satisfaisantes, qui offrent autant d'évidence et de vérité?

C'est le sulfate de chaux qui agit, dit-on, quand on répand du sulfate de fer sur un sol calcaire; mais on convient généralement que les bons effets du plâtre se bornent, en quelque sorte, aux plantes de la famille des Légumineuses. Je n'ai, pour ainsi dire, jamais rencontré d'exceptions, quant aux bons effets des composés ferrugineux : les plantes des familles naturelles les plus éloignées s'en sont également bien trouvées [1]. Et cela ne doit nullement étonner, d'après ce qui va suivre. Comment l'auteur de l'article *Amendement* (*Maison Rustique du* 19e *siècle*), explique-t-il les effets du plâtre? Laissons-le parler.

« Il paraît que les *Légumineuses* contiennent » beaucoup de sulfate de chaux, et que ce serait » au besoin qu'elles en ont dans leur composi- » tion intime, que pourrait être dû l'effet qu'il » produit sur leur végétation. Cette explication » paraît d'autant plus vraisemblable que l'expé- » rience a constaté que le plâtre reste à peu près » sans effet sur les sols qui le contiennent en cer- » taines proportions, etc., etc. »

Eh bien! si le plâtre agit spécialement sur les plantes qui le contiennent naturellement dans leur composition intime, est-il difficile d'expliquer les bons effets des composés ferrugineux solubles sur la généralité des plantes? le fer n'intervient-il pas constamment dans leur *constitu-*

---

[1] Je dois dire cependant que les plantes bulbeuses (Liliacées, Narcissées, etc.) m'ont semblé être moins sensibles à l'action du sulfate de fer : c'est un point à vérifier.

*tion intime?* n'est-il pas probable que sa présence y est d'une absolue nécessité?

J'ai parlé de la *chlorose*, de l'étiolement maladif de la plante : il est bon de s'entendre à ce sujet. Je ne désigne pas par ces mots, cet état du végétal qui se produit constamment quand on le prive de la lumière; état particulier, dont l'horticulture a tiré, comme on le sait, un assez grand parti.

C'est l'*étiolement* proprement dit.

J'entends cet état de langueur, de faiblesse, qui s'annonce par la pâleur plus ou moins prononcée des feuilles; par leur défaut de développement; par la manière dont elles se contournent, jaunissent, brunissent, tombent, etc.: aucune maladie de la plante n'est plus commune, surtout chez les amateurs qui n'ont pas à leur disposition des couches tièdes, chaudes, des serres convenables, etc., etc. Et encore combien, même chez les horticulteurs les plus habiles, remarque-t-on de plantes sans vigueur, sans verdure, dont l'aspect en un mot, au lieu de réjouir la vue, et par suite l'âme, ne fait que blesser, attrister l'une et l'autre. L'emploi des composés ferrugineux doit heureusement modifier cet état de choses; cela résulte de quatre années d'essais poursuivis, j'ose le dire, avec zèle et persévérance.

On pourrait objecter que les composés ferrugineux n'agissent que momentanément, que les suites de leur application sont sans doute fâcheuses, que le végétal doit finir par succomber.

Il n'en est rien; j'affirme que je possède encore aujourd'hui, pleines de vie et de force, presque la totalité des plantes que j'ai mises en traitement en 1840, et spécialement un *Fabiana imbricata* de toute beauté, et une *Calceolaria pendula*, qui reçoivent chaque année, depuis cette époque, quelques arrosements ferrugineux. M. l'ingénieur en chef Lamarle, de la Société d'agriculture de Douai, m'affirmait, il y a quelques jours, qu'il n'avait jamais vu une plus magnifique Calcéolaire, du moins sous le rapport de la végétation. L'an passé, au printemps de 1842, j'avais encore un assez grand nombre de plantes maladives. Cette année, à la même époque, je n'ai remarqué en cet état que deux Orangers, mis tous deux sous les yeux de la commission (voir le rapport), plus, un *Rhododendrum*, une Commeline, et deux ou trois autres végétaux guéris, comme par enchantement, par le chlorure de fer.

Les plantes traitées sous les yeux de la commission ont été empruntées à quelques amateurs de notre ville.

Jamais la végétation générale de mes plantes n'a été aussi belle, aussi vigoureuse que cette année.

J'avais annoncé dès l'an passé de beaux résultats; le rapport de l'honorable commission, rapport qu'on trouvera à la fin de cette brochure, prouvera, je l'espère, que loin de m'être abandonné à l'exagération, je suis resté au-dessous de la vérité.

Au surplus, ces expériences sont si simples, d'une exécution si facile, que tous ceux qui les tenteront doivent réussir comme nous; il ne faut pour cela qu'un peu de soin et de bonne volonté : je dis bonne volonté, car ne sait-on pas que des expériences faites par des personnes prévenues ou ennemies de toute innovation, réussissent rarement? Pour qu'une expérience soit couronnée de succès, il faut que l'expérimentateur ait quelque désir de réussir. Il est inutile d'ajouter qu'on traiterait vainement une plante dont les feuilles, par suite de l'influence automnale, jaunissent avant de tomber, celle dont la racine ou le collet sont frappés de mort, etc.

Quinze mois se sont écoulés depuis l'envoi de ma première Notice à la Société royale d'horticulture. Le traitement des plantes chlorosées et débiles par le fer, n'a été l'objet d'aucune contestation au sujet de la priorité.

Quand, à la même époque, je conseillai l'emploi du sulfate de fer appliqué à l'agriculture, j'avais quelque espoir de n'avoir pas été prévenu, parce que j'avais consulté une foule d'ouvrages spéciaux à l'horticulture et à l'agriculture, qui n'en faisaient aucune mention.

La *Maison Rustique du* 19^e^ *siècle*, éditée en 1842, n'en parle pas, en traitant de l'action générale des sels. L'auteur de l'article ne s'occupe que des sulfates de chaux, de soude, des chlorures de sodium, de calcium, du nitrate de potasse, des diverses espèces de cendres, etc.

Je m'étonnais moi-même de l'oubli dont le sel en question avait été l'objet, lorsque le savant et respectable M. Bourée, vice-président du Comité agricole, bibliothécaire de la ville, etc., etc., rapporteur de la commission, me prévint qu'en compulsant *Thaër* (*Principes raisonnés d'Agriculture,* 1831, 2e édition), il avait remarqué qu'il y était fait mention de ce sel.

Du passage en question, il résulte que des essais du sulfate de fer, en agriculture, ont été faits avant 1809; que les résultats varièrent beaucoup; que quelques personnes n'en éprouvèrent aucun effet; que d'autres en obtinrent seulement un nuisible, d'autres enfin un avantageux. « Dans » la plupart de ces essais dont j'ai eu connaissance, » dit Thaër, la quantité du sel employé et l'é- » tendue du terrain n'ont point été déterminées » d'une manière précise; l'une et l'autre cepen- » dant sont des points essentiels, et sans eux on » ne saurait expliquer les résultats contradic- » toires que ces essais présentent. »

Il paraît que depuis cette époque, les expériences dont le sulfate de fer était l'objet, ont été tout-à-fait abandonnées. Je m'estimerais heureux si, pour ma part, je pouvais contribuer à éclaircir cette importante question, laissée sans solution.

Quant aux idées théoriques, voici celles qui sont exprimées par Thaër : « Il paraîtrait que » le vitriol a une grande influence sur la végé- » tation, quand il est intimement combiné avec » le charbon. Probablement l'action de la lu- » mière et de l'air opère ici la décomposition » de l'acide sulfurique dont l'oxygène se com- » bine avec le carbone, et forme l'acide carbo- » nique ou quelque autre substance favorable à » la végétation, etc. » On voit combien cette théorie diffère de celle qui m'a guidé dans l'application générale des composés ferrugineux.

Eh bien ! tandis que le sulfate de fer était ainsi mis en oubli, on se procurait à grands frais dans les départements du nord les *cendres pyriteuses*, *cendres rouges*, qui ne doivent très-probablement (en grande partie du moins) leur action énergique qu'au vitriol vert dont elles sont imprégnées, vitriol qui, selon moi, agirait *spécialement*.

Les effets de ces *cendres rouges*, *pyriteuses*, sont si remarquables, que les cultivateurs du nord de la France viennent en grand nombre, quelquefois de 20 lieues, en charger leurs immenses voitures. Ces cendres leur reviennent en moyenne à 3 francs l'hectolitre, et ils en emploient de quatre à six par hectare sur les prairies et pâtures ; sur les prairies artificielles la dose est un peu plus forte. C'est l'amendement pour lequel les Flamands font les plus grandes dépenses, etc. ; et la culture des

Flamands peut, sur ce point encore, servir de modèle à leurs voisins (***Maison Rustique du*** 19^e^ *siècle*).

L'efficacité de ces cendres paraît tenir à trois causes, d'après l'auteur de l'excellent article *Engrais*, du même ouvrage, auquel nous avons si souvent recours; « 1° la couleur noire terne, » dont on connaît l'heureuse influence comme » moyen d'échauffer le sol; 2° le sulfure de fer » dont la combustion lente augmente l'échauf- » fement de la terre et l'excitation électrique; 3° » les sulfates acides de fer et d'alumine. L'action » de ces deux sels solubles sur les *sols calcaires* » donne lieu à la formation du sulfate de chaux » qui agit sur la plante, et à un dégagement d'a- » cide carbonique, qui offre un aliment à cette » plante. Ainsi donc la présence du carbonate » de chaux est ici fort utile, et on doit en rem- » placer la déperdition par des marnages et » chaulages. »

A l'aide du sulfate de fer en nature, certainement nous n'obtiendrons jamais dans nos départements les deux premiers effets cités plus haut; mais j'ai l'espoir cependant que nous remplacerons en grande partie et à très-peu de frais les cendres pyriteuses.

Quant à la théorie, quelque séduisante qu'elle soit, je crois qu'elle doit subir des modifications (voir, plus loin, ma *Réponse aux Observations*). Toutes les applications agricoles, qui nous ont donné cette année de si beaux résultats, ont eu lieu sur des terrains essentiellement alumino-siliceux, incapables de donner par leur contact avec le sulfate de fer de l'acide carbonique et du sulfate de chaux, puisque ces sols ne contiennent pas de carbonate de chaux, ou n'en contiennent que des quantités presque inappréciables.

Les applications *floricoles* du sulfate ou du chlorure de fer à des plantes *cultivées en terre de bruyère*, viennent encore à l'appui de l'opinion que j'ose défendre.

Au sujet du chlorure de fer, je ferai dès à présent une observation; je crois pouvoir avancer, sans toutefois en exprimer la certitude, qu'il agit plus promptement, plus énergiquement que le sulfate de fer. Cet effet tient-il à sa plus facile absorption par la plante, à du chlore mis à nu, c'est ce que j'ignore : j'énonce seulement le fait.

Si dans l'avenir ce sel a, comme je l'espère, des applications agricoles et horticoles, le commerce pourra le fournir à un assez bas prix. On sait que la fabrication de la soude artificielle est basée en premier lieu sur la conversion du chlorhydrate de soude en sulfate de soude, au moyen de l'acide sulfurique. Le produit accessoire de l'opération est une quantité énorme d'acide chlorhydrique, quantité qui dépasse de beaucoup les besoins du commerce, et que par conséquent les fabricants ne se donnent pas la peine de recueillir; il s'agirait de traiter la vieille ferraille, la vieille fonte par cet acide.

J'éveille l'attention des manufacturiers, des fabricants, sur ce nouveau débouché ouvert à l'un de leurs produits.

Je finis cet avant-propos, déjà trop long, en déclarant que je suis loin de considérer la question horticole proprement dite, et à plus forte raison la question agricole comme complètement décidées; l'expérience et le temps parleront.

Mais il en est une, selon moi, dont la solution ne laisse, on peut le dire, plus rien à désirer; c'est celle de la *floriculture*. Il ne faut pas croire qu'elle soit sans importance : la floriculture met en mouvement d'énormes capitaux; le goût des plantes d'agrément se propage de jour en jour, et il est tel horticulteur-fleuriste qui à Paris, par exemple, fait, dit-on, pour un million d'affaires par an. La même tendance se remarque dans les provinces; notre ville, entre cent autres, commence à se faire remarquer par sa passion pour les fleurs.

Tous les jardiniers-fleuristes doivent retirer de grands avantages de l'application des composés ferrugineux solubles; j'en ai l'espoir, pour ne pas dire la certitude, et je suis heureux de le penser. Mais il est une autre classe d'horticulteurs auxquels je m'adresse spécialement : c'est celle des *Amateurs*, celle des vrais amateurs, auxquels l'aspect d'une seule plante maladive, inspire *tant de sérieuses, tant de tristes réflexions:* les *profanes* seuls sont assez *cruels* pour en plaisanter.

Oui, certes, le goût des fleurs se propage; mais ce n'est pas assez, il faut le populariser. Est-il un moyen plus charmant, plus sûr de civiliser, d'adoucir les mœurs? Chacun est d'accord sur ce point : l'homme de toutes les classes, qui veille sur les plantes qu'il a vues naître, qui se réjouit de leur vigueur, de la beauté d'une primevère ou d'un dahlia; qui se dépite d'une feuille morte; qui donne à ses roses les moments laissés à ses loisirs par le devoir ou la famille, celui-là ne sera jamais foncièrement méchant : en rêvant à ses fleurs, il ne couvera pas de noires trahisons; l'envie ne le dévorera pas.

Ne nous sentons-nous pas prévenus, pour ainsi dire, en faveur des habitants d'une chaumière villageoise, ou d'une mansarde de faubourg, dont la fenêtre supporte quelques plantes cultivées dans des pots, souvent, hélas! d'une élégance bien contestable. Eh bien, c'est là surtout que je voudrais être compris; c'est là que je voudrais FACILITER la culture des plantes, autour desquelles naîtrait par-ci, par-là, peut-être, une pensée d'espoir, de consolation ou de bienveillance (1).

(1) La culture des plantes d'agrément chez les habitants de la campagne, qui ont sans cesse sous leurs yeux l'immense

Plus qu'un mot : A quels sacrifices ne nous soumettrions-nous pas pour faire prospérer certains arbustes, moins précieux par leur rareté que par la main qui les a offerts. Avec quel triste plaisir ne verrions-nous pas se ranimer la plante à laquelle se rattachent des souvenirs chéris et sacrés, le souvenir de ceux que nous aimions et que nous avons perdus.

Châtillon-sur-Seine, le 20 août 1843.

---

jardin des champs, suppose un goût bien prononcé, bien puissant. Nos amateurs villageois ne seraient-ils pas heureux de pouvoir mêler aux antiques et classiques Lauriers-Tins et Basilics, quelques jolies variétés de Géranium, par exemple.

# DE L'ACTION

DU

# SULFATE DE FER

SUR

# LA VÉGÉTATION.

Toutes les personnes qui, par état ou par goût, se livrent à la culture des fleurs, et surtout à celle des végétaux de serres, éprouvent, chaque année, la contrariété de voir un plus ou moins grand nombre de plantes maladives, chétives, pâles, étiolées (1), dont les feuilles, en un mot, paraissent ne point contenir de chlorophylle, ou, du moins, dont la chlorophylle est dans un état particulier d'altération (2). En 1840,

(1) Chlorosées.

(2) Pour apprécier convenablement l'importance de la *vivification* de la chlorophylle, qu'on se rappelle que c'est seulement sous l'influence des parties vertes, que s'opère la décomposition de l'acide carbonique de l'air, et par suite la fixation du carbone. Une plante complètement étiolée, chlorosée, ne se nourrit plus, ne s'accroît plus, ou du moins sa nutrition, son accroissement languissent.

je soumis à quelques essais des plantes qui présentaient, à un haut degré, l'état pathologique dont je parle, bien que les soins ordinaires d'une bonne culture ne leur manquassent nullement.

Guidé par l'effet que produisent presque constamment les préparations de fer sur le principe colorant du sang (cruorine, hématosine), j'eus l'idée d'essayer l'action des mêmes préparations sur le principe colorant des feuilles (chlorophylle, chromule de de Candolle). Certainement, je m'appuyais sur une théorie bien hasardée, et qu'on peut considérer, encore aujourd'hui, comme telle. Je suis loin de soutenir que la cause qui avive l'hématosine, sous l'influence des sels de fer, soit la même que celle qui ranime la couleur de la chlorophylle sous l'influence des mêmes sels. Mais qu'importe la cause, si l'effet est le même dans les applications ? si le fer sulfaté, en un mot, produit, sur une plante étiolée, l'effet qu'il produit ordinairement sur un sang pâle et appauvri?

Et d'ailleurs, sait-on comment le fer agit dans son emploi médical ? On ne peut former, à ce sujet, que des suppositions. Richerand, dans la 10e édition de sa *Physiologie*, p. 454, dit : « Le » fer (dans l'homme) ne se rencontre pas évi» demment ailleurs que dans le sang. On ne » sait quels usages il remplit : *on pourrait croire* » qu'ils sont en rapport avec ceux de l'hémato-

» sine, en voyant les préparations ferrugineu-
» ses procurer des résultats avantageux chez les
» personnes peu riches en hématosine. » Mais il dit aussi un peu plus haut : « La théorie de
» Fourcroy, qui attribuait la coloration du sang
» à l'oxydation du fer, est tout-à-fait abandonnée
» aujourd'hui, depuis surtout qu'on a reconnu
» que l'hématosine pouvait être obtenue isolé-
» ment, et tout-à-fait exempte de fer. »

Doyère, dans ses *Leçons d'Histoire naturelle* (1840), p. 124, s'exprime ainsi : « On n'a pu
» s'assurer si l'hématosine est colorée en vertu
» de sa constitution même, ou par son union
» avec quelque autre substance *organique* qui
» serait réellement le principe colorant du
» sang. » Ici, comme on le voit, on ne suppose pas même l'influence du fer sur cette coloration.

Je ne sache pas que la question soit plus avancée, au moment où j'écris cette note [1]. Donc, rien de plus obscur que le mode d'action

---

[1] Je crois avoir lu dernièrement, mais je ne puis me rappeler dans quel ouvrage, qu'un physiologiste dont le nom m'échappe, à mon grand regret, admet que dans l'animal le fer porte son action stimulante, fortifiante, tonique, sur tous les tissus, tous les organes, toute l'économie en un mot; et que, par conséquent, le principe colorant du sang doit participer à cette stimulation, à cette tonicité générales.

Cela peut être fort exact, et il est probable que ce métal n'agit pas autrement dans la plante.

des préparations ferrugineuses dans la chlorose, etc., etc.

Qu'on me permette une dernière observation. Quel est le plus sûr moyen d'étioler, de blanchir une plante ? C'est de la soustraire à l'action de la lumière. Où remarque-t-on le plus d'individus pâles, haves, *étiolés ?* où trouve-t-on le plus de femmes chlorotiques ? Est-ce parmi les habitants de la campagne, jouissant en plein soleil, d'une lumière vivifiante ? Est-ce parmi les robustes villageoises de nos montagnes? non : c'est dans les grandes cités, dans les rues étroites, à maisons élevées, dont les appartements sont toujours plus ou moins sombres ; c'est dans les manufactures, les ateliers peu éclairés (ceux des tisserands, par exemple); dans les maisons de détention, les mines, etc., etc. Eh bien! si l'effet de la lumière est le même sur la cruorine du sang et la chromule de la feuille, est-il donc trop absurde de penser que l'action du fer peut être identique sur les deux règnes organiques (1)?

---

(1) Comment ne pas être frappé de l'analogie qui existe entre le principe colorant de la feuille, et celui du sang? Que trouve-t-on dans le premier? une matière colorante *(chlorophylle)*, laquelle est accompagnée d'une *huile* verte, d'une sorte de cire (Pelletier), d'albumine *(principe azoté)* et de fer. Que découvre-t-on dans le second? une matière colorante *(hématosine)* ; plus, une matière *grasse huileuse*, de l'albumine *(principe azoté)* et du fer. Remarquons de plus

Mais je le répète, ce n'est qu'une hypothèse; pour lui donner plus de force, il faudrait être sûr que l'action du sulfate de fer sur la chromule est *spéciale ;* que les sulfates de cuivre, de zinc, etc., n'agiraient pas de même. C'est ce que j'ignore ; c'est ce que je me propose d'examiner avant peu (2).

---

que la chromule et que l'hématosine se présentent dans les deux règnes, sous forme *globuleuse;* on dit : *globules* du sang ; on dit aussi : *globuline* (Turpin), comme synonime de *chromule.*

(Voir les ouvages de physiologie, de chimie et de botanique).

(2) Des expériences qu'on trouvera consignées dans le rapport de la Commission, décident la question pour ce qui concerne le sulfate de cuivre.

Le sulfate de cuivre, aux mêmes doses que le sulfate de fer, tue la plante à l'état normal, comme l'animal.

Si deux ou trois arrosements au sulfate de cuivre tuent un végétal bien portant, que serait-ce si on les appliquait à une plante maladive?

J'ai essayé, ces jours-ci, sur un Hortensia chlorosé, débile, une très-légère solution de sel marin, vanté par quelques personnes, comme amendement ; mais son application ne convient nullement aux plantes maladives.

L'état de l'Hortensia a tellement empiré sous l'influence d'un seul arrosement, que j'ai peu d'espoir de le sauver (il est mort depuis). Il a été mis sous les yeux de la Commission, comparativement avec d'autres Hortensias traités au chlorure de fer.

Les autres substances salines seront successivement étudiées avec le temps ; mais je répète que je considère les sels de fer comme *spécifiques*, dans les cas dont il s'agit.

Mes premières expériences ont eu lieu sur des Calcéolaires, plantes fort sujettes au genre d'altération dont je parle. Je les soumis à l'action d'une faible dissolution de sulfate de fer. Je fus bien flatté de les voir peu à peu se ranimer, verdir, émettre de jeunes pousses colorées, donner des fleurs plus belles, présenter, en un mot, une végétation vigoureuse. Des Hortensias, des Héliotropes, des Orangers, un Camélia, etc., furent soumis au même traitement dans le courant de la même année : le résultat fut le même.

L'action du sulfate de fer n'a été suivie d'aucun effet fâcheux sur la végétation des deux dernières années.

Des expériences du même genre furent continuées en 1841, avec le même succès. J'eus, dès cette époque, l'intention de publier une note sur ce sujet : j'y renonçai, pensant qu'une troisième année d'épreuves donnerait plus de force encore aux conclusions que je désirais déduire.

Aujourd'hui, il y a pour moi conviction.

Donc, en 1842, mêmes essais : résultats plus remarquables encore. Voici le nom des plantes qui ont été soumises au *traitement* en question depuis mars dernier.

8 ou 10 variétés de *Pelargonium*.

Des Calcéolaires.

*Cineraria king*.

*Fabiana imbricata.*
*Heliotropum peruvianum.*
*Lychnis grandiflora.*
*Asclepias fruticosa.*
*Chrysanthemum indicum.*
Des Orangers.
*Matricaria parthenoïdes*, etc., etc.

La Cinéraire, couverte de pucerons, était expirante : elle est aujourd'hui en pleine végétation. On sait qu'en général, les pucerons se multiplient d'autant plus sur une plante que sa végétation est plus languissante.

Toutes ces plantes étaient cultivées en pots. Jusqu'à présent, je n'ai traité, par le moyen indiqué, que deux ou trois végétaux de pleine terre, Pensées, Spirée *(Spiræa hypercifolia)*, *Ipomœa nil.* La couleur des pétales des Pensées qui s'était affaiblie en même temps que celle des feuilles, s'est avivée comme la chlorophylle [1].

Aucune monocotylédonée, ainsi qu'on le voit, n'a été soumise à l'action du sulfate de fer. En général, les plantes de cette division me semblent moins sujettes à l'*étiolement maladif* que

---

[1] Je viens de faire la même remarque sur les fleurs d'une Commeline tubéreuse, traitée au chlorure de fer ; elles sont d'un azur plus vif.

Le fer n'agit donc pas seulement sur le principe colorant rouge du sang; il agit de même sur la chromule verte, bleue, etc., etc.

les dicotylédonées, du moins celles que je cultive (1).

Voici, en peu de mots, comment la plante est traitée.

Elle est d'abord débarrassée de ses feuilles et de ses rameaux morts ou desséchés; puis je fais dissoudre, à froid, 8 grammes (2 gros) de sulfate de protoxyde de fer du commerce (vitriol vert ou couperose verte), dans un litre d'eau (2);

---

(1) J'ai traité depuis des plantes de cette division, entre autres une Commeline tubéreuse. Les effets ont été très-remarquables.

J'appuie à dessein sur cette observation. Les Céréales se trouvent dans cette grande division naturelle.

(2) En général, quand la plante est *ligneuse*, je suis aujourd'hui beaucoup plus hardi; j'emploie 16, 20, 24 gr. par litre d'eau: pour les *bruyères*, cependant, la dissolution doit être extrêmement étendue.

C'est vraiment une chose admirable que l'énergie avec laquelle la plante, sous l'influence de la vie *normale* et du sol, résiste à l'arrosement métallique. Ainsi, il est bien certain que si on la plonge, arrachée même avec de grandes précautions, dans une dissolution de sulfate de fer contenant un trentième de ce sel, elle périt au bout de quelques heures (Voir la 2e partie). Dans les circonstances ordinaires, et sous l'influence du sol, rien de semblable n'a lieu : depuis quatre ans, je n'ai pas tué trois plantes avec le sulfate de fer. Par une sorte d'absorption *instinctive* (qu'on me pardonne ce mot), le végétal ne prend que la quantité de sel nécessaire à ses besoins. Nous reviendrons plus bas sur l'influence du sol pour modérer l'activité des arrosements ferrugineux.

la plante, selon son état d'altération plus ou moins avancé, est placée à demi-soleil, ou à l'*ombre* quand elle est très-malade ; la terre du pot est entretenue légèrement humide avec de l'eau ordinaire (si cette terre était sèche, il faudrait que la solution ferrugineuse fût plus étendue); puis la plante en question est arrosée tous les cinq ou six jours, avec plus ou moins de la dissolution indiquée ci-dessus, selon la force du végétal; 40 à 60 grammes pour une Calcéolaire, et au-delà. Plus ce végétal sera délicat, plus il exigera nécessairement de précautions pour les arrosements. Les Primevères, par exemple, supporteront sans souffrir une eau ferrugineuse plus concentrée, et des arrosements plus souvent répétés.

Deux, trois, quatre, cinq arrosements suffisent ordinairement. Parfois, il faut les continuer plus longtemps; mais ce cas est rare. Un *Pelar-*

---

La dissolution ferrugineuse ne doit être préparée qu'à fur et à mesure du besoin, ou elle doit être conservée dans des vases de verre ou de terre parfaitement bouchés. Avec le contact de l'air, le sel de fer passerait assez promptement à l'état de *rouille insoluble ;* il n'agirait plus ou agirait mal. En pratiquant ces arrosements, il est bien de veiller à son linge et à ses vêtements : la dissolution forme des taches rougeâtres que, pour ma part, j'ai été trop souvent à même d'observer, et qui, comme celles de l'encre, peuvent attaquer les tissus, quand leur contact est prolongé. Ces taches s'enlèvent au moyen de l'oxalate de potasse (sel d'oseille).

*gonium inquinans* complètement étiolé, a reverdi d'une manière surprenante, après deux arrosements. Il est inutile d'ajouter qu'après le traitement la plante doit être préservée plus ou moins longtemps de l'action des rayons solaires trop vifs. On l'accoutume peu à peu aux influences atmosphériques (1).

Je pense que ces expériences peuvent être tentées en toutes saisons dans les serres. Il est très-probable, cependant, qu'on a plus de chances de succès au printemps. Jusqu'à présent, je ne les ai pas faites en hiver (2).

Une très-petite quantité de sulfate de fer est-elle absorbée sans décomposition par la plante? c'est possible (3). Mais la plus grande partie

---

(1) Il est important que l'eau ferrugineuse soit versée sur la terre, et jamais sur les feuilles du végétal : la rouille déposée entraverait les fonctions d'absorption et de transpiration.

(2) M. Godin a opéré, avec succès, dans sa serre, pendant l'hiver de 1842 à 1843.

(3) Cette question me semble difficile à résoudre, et l'on pourrait entrer à ce sujet dans d'interminables discussions, qui l'embrouilleraient, sans doute, au lieu de l'éclaircir, ce qui n'arrive, hélas! que trop souvent. Il est certain que les feuilles d'une plante *traitée*, quand on les fait bouillir dans l'eau distillée, ne donnent point de précipité par la baryte, ou, du moins, ne donnent qu'un précipité, pour ainsi dire, inappréciable. Mais n'a-t-on pas remarqué qu'en présence de certaines substances organiques, les réactions

de ce sel passe, avec le contact de l'air, à l'état de sous-sulfate de sesqui-oxyde, ce dont on s'aperçoit à la couleur rouillée que prend bientôt la terre des pots. Cette coloration s'opposera probablement et malheureusement à l'application des arrosements ferrugineux aux gazons [1].

D'après Thénard (*Traité de Chimie*, 6e édition), une dissolution de sulfate de fer, exposée à l'air, absorbe lentement le gaz oxygène, et il en résulte du sulfate se-basique de sesqui-oxyde qui se précipite, et un composé double de sulfate de protoxyde et de sulfate de sesqui-oxyde qui reste en dissolution.

Quoi qu'il en soit, je me propose d'incinérer quelques-unes des plantes soumises au traitement précité, à l'effet d'y rechercher la présence du métal, et de le doser comparativement avec d'autres plantes s'il y a lieu [2].

Il est bien entendu que l'emploi du sel en question ne dispense pas des soins ordinaires d'une bonne culture, c'est-à-dire, terre et pots

---

chimiques les mieux connues sont parfois considérablement modifiées. Thénard dit positivement, 5e vol., page 19 : « En pénétrant dans les plantes, les sels ne sont point dé» composés : leurs acides restent unis à leurs bases. »

[1] Cet inconvénient deviendrait nul, pour ainsi dire, en appliquant les arrosements sur les gazons, après la tonte.

[2] Voir à l'appendice.

convenables, *rempotages*, destruction des insectes, exposition, etc., etc.

Néanmoins, le fait suivant tend à faire espérer que, parfois [1], le sulfate de fer agit même en dehors des conditions ci-dessus énoncées.

Une Primevère de choix, cultivée depuis trois ans dans un petit pot, s'était complètement étiolée depuis trois mois; évidemment parce qu'elle avait besoin de terre nouvelle, et d'un plus grand pot. Les arrosements au sulfate de fer l'ont fait reverdir sans *rempotage*.

Je n'ignore pas que ce n'est pas la première fois que le sulfate de fer est cité en agriculture et en horticulture. Je sais que la coloration artificielle des bois, dont on s'est tant occupé dans ces derniers temps, résulte souvent de la réaction du tannin, ou du ferro-cyanure de potassium sur ce sel [2]; qu'on a cherché, par les mêmes moyens, à modifier la couleur des fleurs de certaines plantes. Moi-même j'ai traité, *sans succès*, par ces réactifs, deux *Pelargonium* à fleurs

---

(1) Souvent.

(2) Que la conservation des bois de charpente, etc., est, pour ainsi dire, assurée à son aide, soit qu'on procède par *absorption* de ce sel, comme l'a indiqué avec bonheur le docteur Boucherie, soit qu'on ait recours à l'*immersion*, dans une dissolution de vitriol vert. Ce dernier prodédé se trouve dans le Dictionnaire encyclopédique de Diderot, etc. Article *vitriol vert*.

blanches (*reginæ* et *macranthon*). Je lis, dans un des derniers N^os de la *Revue scientifique* (avril 1842), que M. Schattenmann emploie à Bouxwiller (Alsace), soit l'acide sulfurique, soit le sulfate de fer, pour saturer l'ammoniaque dégagée, selon lui, en pure perte, des urines putréfiées. Mais je n'ai nulle connaissance que ce sel ait été recommandé sous le point de vue que j'indique.

Certes, on ne peut pas dire que, dans les circonstances dont je parle, le sulfate de fer n'a qu'un but, celui de saturer l'ammoniaque des engrais appliqués aux plantes. J'ai obtenu, par exemple, un bon effet de son emploi sur un *Epiphyllum truncatum* (1) que je cultive dans une terre de bruyère purement sablonneuse, ne renfermant pas trace d'engrais azoté.

Je compte poursuivre mes expériences; mais, dès aujourd'hui, je pense rendre service à l'horticulture, en publiant cette note.

Je conclus : 1° Le sulfate de fer est un engrais stimulant, dans l'acception que Chaptal donnait à ces mots; 2° il ne présente point de danger dans son emploi bien entendu; 3° son action est manifeste sur le principe colorant de la feuille; 4° c'est un des sels les plus abondants dans le commerce; 5° c'est un de ceux dont le prix est le moins élevé : avec 10 à 15 centimes, on peut

(1) Et d'autres plantes.

*traiter* une centaine de plantes; 6° peut-être sera-t-il applicable à l'horticulture en grand (la culture des pêchers, par exemple), à l'agriculture.

L'auteur de cette Notice demande que ses expériences soient répétées avec soin, sous les yeux d'une Commission nommée à cet effet.

Châtillon, le 29 mai 1842.

# ADDITION

A

# LA PRÉCÉDENTE NOTICE.

Depuis l'envoi de ma première Notice, j'ai fait quelques nouvelles expériences qui tendent encore à confirmer mes conclusions. Je demande à la Société royale la permission de lui soumettre ce court travail.

Le N° de mai 1842, de la *Revue scientifique*, renferme l'extrait d'un Mémoire présenté à l'Académie royale de Munich, par A. Vogel, sur l'absorption des sels par les plantes : c'est un travail plein d'intérêt, sous le rapport de la physiologie végétale. Mais on n'y trouve pas un mot sur les applications utiles auxquelles cette absorption peut donner lieu.

M. Vogel a essayé l'action du sulfate et de l'acétate de cuivre, des sulfate et chlorhydrate de magnésie, du nitrate de potasse, de l'iodure de potassium; des sulfates de zinc, de manganèse; des nitrates de cobalt, de nickel, d'argent, de mercure; de l'acétate de plomb, etc.

M. Vogel conclut que toutes les plantes, ayant même leurs racines intactes, périssent, plus ou moins promptement, quand on les plonge dans une dissolution saline ainsi composée (sels ci-dessus, une partie; eau, 30 parties). Tantôt les sels pénètrent dans les plantes sans altération, tantôt ils sont décomposés.

Il n'est rien dit au sujet de l'absorption du sulfate de fer, j'ai tâché de remplir cette lacune.

EXPÉRIENCES N° 1. — J'ai arraché, dans les commencements d'août, deux plants d'*Amaranthus caudatus*, en ayant soin de n'endommager leurs racines que le moins possible. L'un des deux (n° 1) a été placé jusqu'au collet dans un vase plein d'eau pure; l'autre (n° 2) a été plongé de même dans une dissolution contenant environ un quarantième de sulfate de fer. Le n° 1 n'a paru nullement souffrir; et, depuis dix jours, les feuilles se sont à peine fanées.

Au bout de huit à dix heures, celles du n° 2 ont commencé à se rouler sur elles-mêmes, à brunir et à se dessécher, etc.; le lendemain matin, la plante était mourante. J'ai détaché quelques-unes de ses feuilles; je les ai plongées dans de l'eau tenant en dissolution un peu de prussiate de potasse ferrugineux (ferro-cyanure de potassium). L'eau a pris une teinte vert bleuâtre; le pétiole des feuilles, ainsi que ses ramifications les plus déliées, ont présenté, peu à peu, une nuance bleue très-foncée (bleu de prusse), de manière qu'on peut suivre, pour ainsi dire, le passage du sel de fer dans les vaisseaux anastomosés, et même dans le tissu cellulaire.

Depuis longtemps, la plante est morte [1]. Sa tige rouge avant l'expérience est noire jusqu'au sommet; ce qui indique la présence du tannin dans l'*Amaranthus caudatus*. Ses fleurs n'ont pas changé de couleur. Un *Escholtzia* a péri en quelques heures. Les plantes annuelles, dont le tissu est ordinairement plus ou moins lâche, mou, doivent absorber plus promptement.

Le même jour, j'ai soumis à la même expérience, deux plants de *Polœmonium cœruleum* et de Primevère. Ces deux plantes, la Primevère surtout, ont résisté plus longtemps à l'action du sel; quelques-unes de leurs feuilles, traitées par la teinture de noix de galle, ont donné un précipité noir (tannate de fer), très-apparent aussi dans l'intérieur du pétiole et de ses ramifications.

Après avoir reconnu la présence du fer, j'ai cherché à déterminer celle de l'acide sulfurique.

D'autres feuilles des plantes mortes sous l'influence de l'absorption métallique, ont macéré

---

[1] Il est bon de faire observer que j'opérais par une température de 29 degrés centigrades au-dessus de zéro; il est très-probable que l'absorption serait plus lente à une température inférieure.

pendant trois jours dans de l'eau distillée à froid; j'ai décanté et jeté dans la liqueur un peu d'azotate de baryte; il s'est formé un précipité blanc abondant de sulfate de baryte. Les plantes ont donc absorbé réellement du sulfate de fer, probablement à l'état de protoxyde.

En comparant l'action funeste d'une dissolution de fer trop concentrée, dans laquelle on plonge immédiatement la plante, aux bons effets de ces dissolutions affaiblies, et présentées par la voie de simples arrosements, il est difficile de ne pas établir un nouveau point de rapprochement entre les deux règnes organisés. En effet, où la médecine humaine et vétérinaire va-t-elle puiser ses médicaments les plus héroïques? Dans les poisons; dans les poisons qui tuent quand on les administre imprudemment, et à trop haute dose; qui sauvent quand on les emploie avec une sage circonspection.

C'est donc avec raison que je recommande, pour les applications, une dissolution ferrugineuse très-faible, 8 grammes par litre [1], en ayant soin de tenir la terre des pots humide avec de l'eau ordinaire, et d'opérer à l'ombre, ce qui doit modérer l'absorption. Au surplus, depuis trois ans que j'ai commencé mes expériences, je n'ai perdu (et c'est ce printemps même) qu'une

---

[1] C'est en général trop peu. (Voir la note de la première partie, page 26.)

Pensée cultivée en pot. Évidemment, les arrosements n'avaient pas été assez modérés.

Après avoir cherché à me rendre compte de ce qui se passe quand une dissolution de sulfate de fer, dans les proportions indiquées plus haut (un quarantième), est appliquée *immédiatement* aux plantes, j'ai fait quelques expériences pour apprécier les effets chimiques de la dissolution affaiblie, telle que je l'emploie dans mes arrosements.

EXPÉRIENCES N° 2. — En conséquence, j'ai traité par l'eau distillée bouillante, quelques feuilles et quelques ramilles d'une *Cineraria king* que j'avais soumise aux arrosements ferrugineux, en juin dernier. J'ai décanté l'infusion qui m'a donné un précipité extrêmement faible par la baryte, et point de précipité bleu par le prussiate de potasse ferrugineux. Les feuilles ont été plongées dans une faible dissolution de ce dernier sel; point de précipité bleu. Je conclus de là [1], que le sulfate de fer a été décomposé, en grande partie du moins, sous l'influence de la végétation, et que le fer a passé à l'état de peroxyde [2]. En effet, si l'on verse sur ces mêmes feuilles quelques gouttes d'acide sulfurique étendu, elles

---

[1] Mais avec hésitation.

[2] Peut-être une petite partie du sel se trouve-t-il à l'état de sulfate se-basique, dont parle Thénard (contenant six fois plus de base que le sel neutre).

prennent sur-le-champ une teinte bleuâtre qui se fonce de plus en plus, et qui passe enfin au bleu.

Cette expérience ne serait pas concluante; car, qui ne sait que le fer existe très-probablement dans toutes les plantes ([1])? rien de plus facile que de s'en assurer. En effet, que l'on fasse une infusion de galles dans l'eau distillée; qu'on y maintienne, comme je l'ai fait, surtout au soleil, pendant huit à douze heures, quelques feuilles de *Verbena triphylla*, de Vigne, d'Asphodèle, d'Ipomée, etc., etc.; et l'on remarquera que l'infusion prend, peu à peu, une nuance plus ou moins brune (tannate de fer); l'*Escholtzia californica*, plante si remarquable par l'odeur d'acide azotique ou hypoazotique qu'elle exhale quand on froisse ses feuilles, semble d'abord faire exception. La noix de galle n'y produit, dans les premières heures, qu'un précipité blanchâtre abondant (tannate d'albumine); mais, au bout de deux ou trois jours, le tannate de fer se manifeste. C'est la Verveine qui m'a paru contenir le plus de fer, la Vigne le moins.

Je dois faire observer que le sol de notre arrondissement est très-ferrugineux, et que l'eau de nos puits renferme une quantité notable de fer, probablement à l'état de chlorure.

---

([1]) Autre point de rapprochement avec le règne animal. Le sang contient constamment du fer.

On ne peut donc procéder que par voie de comparaison dans les expériences dont j'ai l'honneur d'entretenir maintenant la Société.

A cet effet, j'ai fait bouillir, dans 60 grammes d'eau distillée, quatre feuilles d'une Primevère (n° 1) soumise, en juin dernier, aux arrosements ferrugineux.

J'ai traité le même jour, de la même manière, quatre feuilles d'une Primevère (n° 2), à laquelle ces arrosements n'avaient pas été appliqués.

L'infusion de ces deux plantes, traitée par le prussiate de potasse ferrugineux, n'a pas donné plus de précipité bleu que la Cinéraire dont je parle plus haut. Point de précipité non plus par le nitrate de baryte, ni dans l'une ni dans l'autre. Donc le sulfate de fer, que je présume avoir été absorbé par le n° 1, a été décomposé comme dans la Cinéraire; mais en ajoutant aux feuilles n° 1 et n° 2, traitées par le prussiate de potasse ferrugineux, un peu d'acide sulfurique très-affaibli, on remarque, comme on devait s'y attendre, que le précipité bleu est beaucoup plus abondant dans le n° 1 que dans le n° 2, et que les feuilles de ce n° 1 présentent un dépôt considérable de bleu de Prusse.

Même expérience comparative avec les feuilles de deux *Chrysantemum indicum;* même résultat.

Ces expériences sembleront sans doute minutieuses à quelques personnes; mais j'ai l'espoir que les hommes éclairés auxquels je m'adresse, les jugeront avec indulgence ; ils savent que rien n'est minutieux quand on désire arriver peu à peu à des résultats exacts et positifs ([1]).

L'été prochain, je compte cultiver deux Dahlias de la même variété dans des pots de capacité égale, et soumettre l'un des deux plants aux arrosements ferrugineux. J'espère pouvoir déterminer directement la quantité de fer absorbé par celui-ci.

Concluons donc : 1° les plantes plongées immédiatement dans une dissolution de sulfate de fer, à 1/40ᵉ, périssent plus ou moins promptement, en absorbant ce sel sans le décomposer.

2° Les plantes arrosées simplement avec une faible dissolution du même sel l'absorbent aussi ; mais il se décompose, en très-grande partie du moins, dans le tissu du végétal qui, après quelque temps, ne contient plus que du fer, probablement à l'état de peroxyde (sesqui-oxyde des modernes).

Est-il nécessaire d'ajouter que depuis l'envoi de ma première Notice, *j'ai traité* de nouvelles

---

([1]) Ces expériences ont été répétées en août 1843, dans le laboratoire de M. Couvreux, maître de forges.

A des connaissances physico-chimiques étendues, M. Couvreux allie une précision indispensable à toute bonne analyse, précision favorisée encore par la perfection de ses instruments. J'ai eu recours aussi à la très-utile et obligeante collaboration de M. Couvreux, pour d'autres expériences qu'on trouvera décrites à l'appendice.

plantes malades et étiolées, entr'autres des Cinéraires, Héliotropes, *Salvia patens*, *Salvia coccinea*, et que j'ai toujours obtenu un succès complet?

M. Leclère aîné, notre compatriote, qui se livre avec zèle à la culture des Camélias, m'assure avoir observé d'excellents effets de l'emploi du sulfate de fer, sur quelques-uns de ces admirables végétaux (1).

Je crois avoir remarqué, cette année, que les Orangers étiolés résistent plus longtemps que les autres plantes à l'action du sulfate de fer, c'est-à-dire qu'ils reverdissent plus difficilement. Mais je dois ajouter que, gêné par leur taille, je ne les ai pas tenus à l'ombre pendant le traitement, et que les soleils ardents de cet été ont pu entraver les bons effets de ce traitement (2).

Je termine en déclarant à la Société que je me

---

(1) Par de nouvelles observations, notre ami, M. Leclère, est porté à croire qu'il faut s'abstenir d'appliquer le sulfate de fer aux Camélias, dans le moment où ces plantes émettent de jeunes pousses au printemps, et qu'il est préférable de l'administrer à la fin de l'été. Cette remarque importante est sans doute fort juste. Je pense néanmoins que les Camélias peuvent être traités par les composés ferrugineux en toute saison ; mais que pendant le traitement, il est essentiel de les préserver de l'action des rayons solaires.

(2) Il faut tenir compte aussi de la grande compacité de la tige des Orangers, qui, sans doute, favorise peu l'absorption saline.

propose d'engager quelques agriculteurs de notre arrondissement, à essayer, pour l'amendement des prairies artificielles, l'emploi du sulfate de fer, comme succédané du plâtre (sulfate de chaux). Si, comme je l'espère, ces expériences réussissent, l'emploi du vitriol vert serait très-économique dans tous les pays où, comme dans le nôtre, on est obligé d'importer le plâtre d'assez loin.

Effectivement, qu'on réfléchisse qu'avec 500 grammes de sulfate de fer, du prix de 15 à 20 centimes au plus, on pourrait obtenir 64 litres de dissolution propre aux arrosements (1).

On pourrait encore, comme un de mes amis me l'a fait remarquer, mêler sur place un kilogramme de sulfate de fer pulvérisé grossièrement, avec un hectolitre de terre arable, et appliquer ce mélange absolument comme le plâtre (2). Seulement il faudrait, sans doute, répéter au moins deux fois une opération qu'on

---

(1) Voir le procès-verbal de la séance du Comité de Châtillon, du 2 juillet 1843.

(2) Cette dose de sulfate de fer serait beaucoup trop faible ; il y a eu erreur : il faut ajouter à chaque hectolitre de terre environ 3 à 4 kilogrammes de sel, si on répète l'opération deux fois, et au moins 7 à 8 kilogrammes, si l'on désire ne *sulfatiser* ou *vitrioliser* qu'une seule fois. On pourrait certainement aller encore plus loin : c'est l'expérience qui dirigera et qui établira des doses exactes.

(Voir le procès-verbal de la séance du Comité.)

n'exécute ordinairement qu'une fois par an, quand on emploie le plâtre.

Dès aujourd'hui, quel que soit le résultat de ces essais, qui seront commencés au printemps prochain, et pour lesquels des hommes honorables ont bien voulu me promettre leur concours actif et éclairé, je prie la Société de prendre note de la date de ma communication. Cette communication a été faite le même jour à la Société royale et centrale d'Agriculture.

Châtillon, le 12 août 1842.

# RÉPONSE

AUX OBSERVATIONS AUXQUELLES A DONNÉ LIEU

## LA NOTICE PRÉCÉDENTE.

Plusieurs Revues scientifiques et d'autres publications ont bien voulu s'occuper de ma Notice sur le sulfate de fer (1). Les unes l'ont reproduite sans commentaires, d'autres l'ont encouragée par de bienveillantes paroles, d'autres ont présenté des observations auxquelles je dois une courte réplique.

Ainsi, on lit dans le *Journal des Engrais* (N° de février 1843) un article sur l'action du vitriol vert appliqué à la végétation, article auquel je me serais sans doute abstenu de répondre (tant je redoute toute discussion), si l'auteur ne s'appuyait sur l'autorité d'un nom bien recommandable, celui de M. Chevreul de l'Institut.

---

(1) Les *Annales de la Société royale d'Horticulture*, la *Revue scientifique*, l'*Echo du monde savant*, la *Revue horticole*, la *Revue synthétique*, les *Connaissances utiles*, etc.

Voici l'extrait du *Journal des Engrais :*

« M. Chevreul, au sujet du travail de M.
» Gris, dit à la Société royale et centrale d'Agri-
» culture, que les cendres de tourbes et les
» cendres rouges des lignites de la Picardie, sont
» employées pour amender les prairies artifi-
» cielles, et qu'elles agissent par leur *sulfate de*
» *chaux* (plâtre) [1].

« Le sulfate de fer n'agit donc qu'en formant
» sur les *terrains calcaires* du sulfate de chaux,
» lequel opère comme stimulant à la manière
» ordinaire. »

Aux assertions scientifiques de M. Chevreul, le rédacteur du *Journal des Engrais* ajoute les réflexions suivantes.

« Il résulte de là que M. Gris, en expérimen-
» tant le vitriol vert sur des plantes malades, et
» en obtenant du succès, a agi, par hasard, sur
» des terres calcaires. S'il avait opéré sur de
» l'argile, il aurait tué les plantes au lieu de les
» guérir. »

Le rédacteur du *Journal des Engrais* tombe ici dans de graves erreurs, qu'il me sera facile

---

[1] Pour comprendre ce passage, il ne faut pas oublier que les tourbes et les lignites sont ordinairement mélangés de plus ou moins de bi-sulfure de fer, qui, en présence d'une base calcaire, et sous certaines influences chimiques et physiques, peut former du sulfate de chaux.

de réfuter, et qu'il reconnaîtra lui-même, s'il veut bien lire ce qui suit (1).

Le hasard se rattache parfois à des découvertes bien autrement importantes que celle dont nous nous occupons ici; mais il n'a été pour rien dans les expériences qui ont donné lieu à l'article du *Journal des Engrais* (2).

J'ai eu l'honneur de soumettre à M. Chevreul quelques observations. Les voici :

Je n'ai pas appliqué le sulfate de fer uniquement à des plantes cultivées dans une *terre calcaire*. Ce sont surtout les végétaux délicats, *à terre de bruyère*, qui se sont bien trouvés de son emploi : ainsi, des *Mimosa*, des Calcéolaires, *Erica*, Cinéraires, etc., soumis avec tant de succès au traitement indiqué dans ma Notice, végétaient dans une terre de bruyère, purement siliceuse ou ne contenant que des traces pour ainsi dire inappréciables de carbonate de chaux. Il en est de même des Hortensias, de certains Lychnis, etc. (3). Est-il possible d'admettre dans

---

(1) Le *Journal des Engrais*, dans son n° d'août 1843, revient avec une grande loyauté sur l'opinion qu'il avait d'abord exprimée. Je le prie d'agréer mes remercîments.

(2) Me sera-t-il permis d'ajouter que la question que nous agitons semble offrir chaque jour un nouvel intérêt?

(3) Les Hortensias cultivés en terre de bruyère, supportent sans paraître en souffrir une énorme quantité de

ces circonstances, la formation du sulfate de chaux.

Il y a plus : mes Orangers cultivés dans une terre essentiellement calcaire, ont résisté longtemps à l'action du sulfate de fer, c'est-à-dire ont demandé, pour reverdir, un traitement beaucoup plus long.

Mais pourquoi donc le sulfate de fer n'agirait-il pas lui-même, *spécialement*, à la manière des engrais stimulants, ou, comme je cherche à l'expliquer, en portant une action *sui generis* sur la *chromule* de la feuille, de même que les préparations ferrugineuses portent si mystérieusement leur action sur la *cruorine* du sang?

Qu'on veuille bien jeter un coup d'œil sur la seconde partie de ma Notice : il résulte de mes expériences, encore bien imparfaites il est

---

sulfate de fer. Cela résulte d'une expérience de M. l'abbé Poupon de notre ville. Cet amateur zélé a mélangé, en octobre dernier, 500 grammes de vitriol vert concassé, à la *terre de bruyère* nécessaire pour la culture d'un Hortensia. J'ai vu depuis peu cette plante; elle est pleine de vigueur, et ses feuilles sont à la lettre d'un vert noir. Il faudrait se garder, néanmoins, de soumettre au même traitement, le plus grand nombre des plantes. Certes, elles n'y résisteraient pas, surtout si le sel était à l'état de dissolution. Aujourd'hui 24 août, cette plante est en fleurs et magnifique; elle est même devenue un objet de curiosité pour MM. les amateurs de notre ville, et plusieurs membres du Comité agricole.

vrai [1], que du fer est réellement absorbé par les plantes soumises aux arrosements ferrugineux.

Au reste, quelle que soit la décision d'un maître tel que M. Chevreul, je serai heureux de m'y soumettre; mais aussi, il faut bien le dire; quelle que soit la théorie admise, il y a un fait incontestable et qui le devient chaque jour davantage : **C'EST QU'UNE PLANTE ÉTIOLÉE, MALADIVE, SOIT D'UN SOL CALCAIRE, SOIT D'UN SOL SILICEUX, REVERDIT, GUÉRIT SOUS L'INFLUENCE DES ARROSEMENTS FERRUGINEUX APPLIQUÉS AVEC DISCERNEMENT, ET QUE CES ARROSEMENTS, CE TRAITEMENT, N'AVAIENT ÉTÉ JUSQU'ALORS NI CONSEILLÉS NI APPLIQUÉS EN HORTICULTURE.**

Depuis que ces notes ont été mises sous les yeux de l'illustre académicien, de nouveaux faits sont venus donner plus de force aux idées théoriques que j'ai d'abord présentées.

Au sulfate de fer, j'ai substitué, dans les mêmes circonstances et à doses égales, une dissolution de protochlorure de fer, sel très-soluble, que j'ai préparé moi-même en traitant le fer en limaille par l'acide chlorhydrique, etc. Cette dissolution a été appliquée aux plantes suivantes, étiolées et maladives, *Pélargonium*, *Rhododendrum ponticum*, *Primula auricula*, *Commelina tuberosa* (première monocotylédonée

---

(1) Elles seront continuées cette année.

que j'aie traitée). L'effet a été identique à celui que j'obtiens à l'aide du sulfate de fer [1]. Je compte multiplier ces expériences, et si, comme j'en ai l'espoir fondé, le chlorure de fer continue de me donner les mêmes résultats, il faudra bien reconnaître au fer une action spéciale et indépendante de celle qu'on croit pouvoir attribuer au sulfate de chaux [2]. Mais abandonnons les théories pour arriver au positif.

Non-seulement le sulfate de fer ranime les plantes étiolées et languissantes; c'est un fait admis par toutes les personnes qui s'occupent d'horticulture, avec lesquelles j'ai le plaisir d'être en relation; c'est un fait reconnu dans les serres surtout; mais il y a plus; la stimulation qu'il produit sur la plante, à l'état normal, la fait végéter, en général, avec un surcroît d'énergie. Plusieurs expériences comparatives faites avec soin sur des Lauriers-Roses, Lychnis, etc., etc., doivent laisser peu de doutes à cet égard [3]. On sait combien les *Orchidées*, le *Cypripedium calceolus* (Sabot de Vénus), par exemple, résistent à notre culture; on sait combien la végétation de cette singulière plante est languissante dans nos

---

(1) Voir la préface.

(2) Je sais qu'on pourrait encore m'objecter qu'il se forme du *chlorure de calcium*, sur les terrains calcaires.

(3) Il faut dire : ne laissent point de doute à cet égard, du moins en *floriculture*.

jardins. Deux ou trois arrosements ferrugineux ont donné, ce printemps, à quelques plants cultivés en pot, une vigueur bientôt démontrée par la beauté et le nombre des fleurs. Je pourrais faire la même observation au sujet d'autres végétaux d'une culture assez difficile dans notre localité (certains Lupins, les Calcéolaires, le *Cynoglossum omphalodes*, etc., etc.); mes Calcéolaires, pour ne citer qu'elles, ont une végétation admirable [1].

J'annonçais l'an passé que des agronomes recommandables de notre ville devaient expérimenter le sulfate de fer appliqué à l'agriculture. Messieurs Maître-Humbert, membre du conseil d'arrondissement et de la légion d'honneur, président du Comité d'agriculture; Godin aîné, du Conseil municipal, juge au tribunal de commerce, trésorier de la même société, Leclère aîné, maître de poste, membre du Comité, ont communiqué à ce Comité le résultat de leurs expériences dans la séance du 2 juillet dernier.

Je renvoie mes lecteurs au procès-verbal qui suit.

---

[1] Il serait à désirer que MM. les directeurs des serres des grands établissements essayassent l'action des sels de fer sur les végétaux de serre chaude.

# EXTRAIT DU PROCÈS-VERBAL

DE LA SÉANCE

## DU COMITÉ D'AGRICULTURE

DE CHATILLON,

*En date du 2 juillet* 1843.

---

Etaient présents : MM. Lacordaire, sous-préfet, membre de la légion d'honneur, président honoraire; Maître-Humbert, propriétaire-agriculteur à Châtillon, membre de la légion d'honneur et président du Comité; Bourée, docteur en médecine, vice-président; Godin, négociant à Châtillon, trésorier; Bobin, notaire à Châtillon; Auguste Bouchu, propriétaire-agriculteur à Veuxaulles; Boutequoy aîné, de Bâlot, propriétaire-agriculteur; Boncompain, de Brion, propriétaire-agriculteur; Edmond Botot de Saint-Sauveur, maire de Buncey, propriétaire-agriculteur; Gontard, pharmacien-chimiste; Leclère, maître de poste, propriétaire-agriculteur à Châtillon; Laperouse Louis, président du tribunal de commerce, négociant en fers à Châtillon; Lambert, notaire, maire de Villaines-en-Duesmois; Dumont aîné, de Fontaines, propriétaire-agriculteur; de Poli, inspecteur des forêts de l'arrondissement de

Châtillon; Constantin Rousselet, de Coulmier, propriétaire-agriculteur; Viardin, artiste-vétérinaire à Châtillon, tous membres du Comité, plus le secrétaire.

La séance est ouverte à une heure.

Le secrétaire donne lecture du procès-verbal de la dernière séance : il est adopté sans réclamation.

M. Godin remet à M. le président un rapport sur l'action du sulfate de fer, appliqué à la floriculture et à l'agriculture, rapport dont M. le président donne lecture au Comité.

De ces notes, il résulte que M. Godin considère le sulfate de fer, proposé par M. E. Gris, comme un engrais stimulant très-puissant, et qui agit merveilleusement dans les cas de *chlorose* et de débilité des plantes. M. Godin pourrait citer à l'appui plusieurs expériences faites soit par lui-même, soit par d'autres personnes qui s'occupent avec zèle d'horticulture, et spécialement de floriculture. L'auteur du rapport n'entretiendra le Comité que de quelques succès obtenus depuis un an environ, dans ses serres.

Le sulfate de fer a été appliqué au mois de septembre dernier à une Calcéolaire et à une Cinéraire, tellement faibles et maladives qu'on avait perdu tout espoir de les conserver; un mois après, la végétation de ces plantes était admirable, et elle s'est soutenue jusqu'à la fleuraison qui s'est montrée fort belle; aujourd'hui, ajoute M. Godin, ce sont des plantes pleines de sève et de vigueur.

Des résultats plus remarquables encore ont été obtenus en appliquant le même traitement dans le courant de l'hiver à un *Mimosa paradoxa* cultivé en serre tempérée; cet arbuste était recouvert presque complètement de granulations blanchâtres (cryptogamiques) qui menaçaient son existence; les rameaux supérieurs étaient jaunes, chlorosés : aujourd'hui il peut faire l'ornement d'une serre.

Même observation au sujet d'un *Polygala grandiflora*, d'un *Hemimeris linearis*, etc., etc., également traités en serre dans le courant de la mauvaise saison; ces plantes chlorosées, ont promptement reverdi sous l'influence du sel de fer.

M. Gris, continue M. Godin, poursuit avec persévérance des expériences, auxquelles cependant il donne peut-être moins d'importance qu'elles n'en ont réellement.

Ce printemps, MM. Maître-Humbert, Leclère aîné et Godin, ont tenté quelques applications agricoles du sulfate de fer; M. Godin ne parlera que de l'expérience qui lui est propre.

Vers le 15 avril, M. Godin a opéré de concert avec M. Gris, sur une pièce de terre de 56 ares parfaitement homogène, laquelle est emblavée de luzerne semée en 1842, et qui, par conséquent, n'avait pas encore reçu d'amendement. La pièce a été échantillonnée ainsi qu'il suit; un tiers de la pièce n'a reçu ni sulfate de fer, ni plâtre cuit; sur le second tiers, on a répandu un peu moins de 2 kil. 500 grammes de sulfate de fer (du prix de 45 à 50 centimes) mélangé à deux doubles décalitres de terre sèche et pulvérulente [1].

Le troisième tiers a reçu deux doubles décalitres plâtre cuit, du prix de 1 fr. 20 centimes [2].

M. Godin regrette de ne pas avoir fait constater le résultat par une commission choisie dans le sein du Comité agricole : un voyage précipité l'en a empêché. Ce résultat aurait présenté ainsi plus d'authenticité.

Un simple coup d'œil suffisait au reste pour l'apprécier.

1° La partie *sulfatisée*, vitriolisée, et la partie plâtrée étaient également *hautes* et *pleines*.

2° La partie non plâtrée et non sulfatisée *était d'un tiers à un quart moins haute et moins serrée*, c'est-à-dire que les rameaux latéraux n'avaient fait que peu de progrès, et que la tige principale seule avait grandi, bien que la saison hu-

---

(1) Le vitriol vert vaut à Paris 7 francs les 50 kilog. M. Dambrun, épicier de notre ville, pourra le fournir au prix de 10 à 12 francs.

(2) Le plâtre cuit vaut à Châtillon environ 4 fr. l'hectolitre; il revient à 3 fr. à M. Godin qui l'envoie chercher à Montbard avec ses chevaux.

Dans plusieurs localités, le prix du plâtre est beaucoup plus élevé.

mide ait été très-favorable au développement général de la plante.

M. Godin a répandu une très-petite quantité de sulfate de fer, résidu de l'opération précédente, sur une parcelle de terre ensemencée en blé de printemps ; il n'a pas observé de résultat appréciable.

Espérons, continue M. Godin, que l'avenir confirmera les succès dus cette année à l'application du sulfate de fer à l'*agriculture;* quant à ceux qu'on a obtenus en *floriculture*, ils sont incontestables, parce qu'ils se sont renouvelés cent fois, de manière à ne plus laisser aucun doute.

En terminant, M. Godin croit devoir appeler l'attention de l'assemblée sur un usage adopté par un grand nombre de Comités agricoles. Quand une amélioration importante a lieu, soit en agriculture soit en horticulture, on décerne à l'auteur une récompense honorifique : il s'agit ici non d'une amélioration, mais d'une idée neuve et féconde; la guérison, le traitement d'une plante chlorosée, languissante, maladive, par les sels de fer.

M. Godin espère que le Comité saisira l'occasion d'offrir à son secrétaire une médaille d'or portant inscription des motifs.

M. Maître prend la parole.

Le 7 avril dernier, dit M. Maître, j'ai répandu un kil. de sulfate de fer grossièrement pulvérisé et mélangé avec 25 lit. de terre arable bien meuble, sur 14 ares de luzerne d'un an, non plâtrée; ces 14 ares avaient été distingués par des piquets du reste de la pièce, laquelle fut plâtrée le surlendemain. Le prix du plâtre sur une même surface aurait été de 60 à 70 c., celui du sulfate de fer a été de 20 c. environ. Au moment de la coupe, l'œil le plus exercé n'aurait pu établir aucune différence entre les diverses parties de la pièce : même hauteur, même vigueur des tiges.

Un semblable essai comparatif a été fait sur une pièce de trèfle d'un an, également non plâtrée jusque là : résultats analogues.

MM. Leclère aîné et Gris assistaient à ces expériences.

M. Leclère aîné rend compte de vive voix au Comité de plusieurs expériences faites dans ses serres depuis 18 à 20 mois. Le sulfate de fer a été appliqué à un grand nombre de végétaux maladifs et chlorosés, *Mimosa, Erica, Pimélée, Pelargonium, Fabiana,* etc., etc., et toujours avec un grand succès. Très-souvent M. Leclère au lieu d'appliquer le sel de fer à la plante, à l'état de dissolution, le concasse et le mélange à la terre des pots. M. Leclère, en forçant la dose du sel, a tué ce printemps une Calcéolaire qu'il avait laissée exposée aux rayons du soleil pendant le traitement; il reconnaît que sur certains végétaux délicats et jeunes, l'emploi du sel ferrugineux demande de la prudence et quelques précautions, rendues du reste très-faciles par l'habitude et l'observation.

M. Leclère a obtenu de bons résultats de l'emploi du sulfate de fer appliqué à l'horticulture proprement dite, à de jeunes arbres, Poiriers et Pommiers, à des Fraisiers, etc., etc.

M. Leclère a répandu du sulfate de fer dans les proportions employées par M. Godin sur des parties de blés d'hiver jaunes et languissants; j'ai obtenu, dit M. Leclère, des résultats bien remarquables, et dont les conséquences pourraient être incalculables pour l'avenir. Mes blés maladifs et sulfatisés sont aujourd'hui pour le moins aussi beaux que ceux qui les avoisinent : je n'ai qu'un regret; c'est de n'avoir pas appliqué le sel de fer à une surface beaucoup plus étendue, certain que je suis que mes récoltes, malgré leur beauté, y auraient encore gagné.

On objecte à M. Leclère que les endroits sulfatisés n'ont pas été déterminés au moyen de piquets, et qu'il est peut-être difficile de les distinguer nettement aujourd'hui. M. Leclère répond que si le sel ferrugineux n'eut été répandu que sur quelques mètres carrés, l'objection serait peut-être péremptoire, mais qu'il a opéré sur une assez large surface pour que l'observation fût facile à un agriculteur qui visite chaque jour sa propriété. M. Leclère persiste dans ses assertions.

Une discussion assez longue s'engage au sujet de ces différents rapports qui paraissent intéresser vivement la réunion; quelques membres demandent au secrétaire s'il est facile d'expliquer les effets du sulfate de fer, s'il est nutritif, ou simplement stimulant, etc. M. Gris répond que la théorie n'est pas encore fixée sur le premier point; que s'il lui était permis d'exprimer une opinion, il dirait que, selon lui, le fer agit sur la chromule de la plante, comme il agit sur la cruorine du sang, ou si l'on veut, qu'il stimule, qu'il fortifie la plante, comme l'animal, bien qu'aujourd'hui même, on soit loin d'être d'accord sur la manière d'expliquer cette action en physiologie zoologique; que néanmoins c'est sur le rapprochement entre les deux règnes organiques qu'il s'est appuyé, quand il a commencé ses expériences au printemps de 1840; que le sulfate de fer n'est pas nutritif par lui-même; qu'il ne peut que favoriser la nutrition, etc.

Sur la proposition de M. Lacordaire, sous-préfet, président honoraire, le Comité nomme une Commission spécialement chargée de poursuivre, observer, développer, concurremment avec M. Gris, les expériences en question. Cette commission se compose de MM. :

Maître-Humbert, président, membre de la légion d'honneur;

Bourée père, docteur en médecine, vice-président;

Godin aîné, propriétaire-agriculteur et négociant, trésorier;

De Framery, maréchal de camp, officier de la légion d'honneur;

De Poli, inspecteur des forêts de l'arrondissement;

Leclère aîné, maître de poste, propriétaire-agriculteur;

Lapérouse Louis, négociant, président du tribunal de commerce.

Cette Commission entrera immédiatement en fonctions. Quelques membres font observer que l'année est fort avancée pour expérimenter les applications agricoles; mais que la Commission ne limite point sa mission quant à sa durée, et que ce qui ne sera pas observé cette année, le sera l'année ou même les années suivantes.

La Commission expérimentera tour à tour ou concurremment, les *Céréales*, les prairies naturelles, les vignes, les prairies artificielles, les colzas, navettes, etc., etc.; les produits des jardins maraîchers, les arbres fruitiers, les arbres verts, etc.; enfin elle s'occupera de l'application à la culture *en général*.

M. le président consulte le Comité au sujet de la proposition de M. Godin, concernant un encouragement à décerner à M. E. Gris. L'assemblée à l'unanimité décide qu'une médaille d'or portant inscription des motifs, est accordée à son secrétaire, et que cette médaille lui sera remise solennellement au prochain concours de septembre.

M. Gris adresse au Comité quelques paroles de remercîments, pour la haute faveur dont il est l'objet; il s'efforcera de s'en rendre de jour en jour plus digne, par la constance avec laquelle il poursuivra les expériences que le Comité vient d'encourager si honorablement.

Châtillon-sur-Seine, le 2 juillet 1843.

*Pour copie conforme :*
MAITRE-HUMBERT.

Je demande la permission de présenter quelques observations au sujet de ce procès-verbal.

A l'immense avantage que présenterait le sulfate de fer, sous le rapport de l'économie, il faut en ajouter un autre, qui, bien que minime, doit entrer en ligne de compte.

Pour répandre le plâtre sur les prairies artificielles, il faut nécessairement choisir un temps très-calme, ce qu'on n'obtient pas toujours, à la grande contrariété des agriculteurs; avec le sulfate de fer, cette précaution n'est nullement indispensable, la densité du sel ne lui permettant pas de se répandre dans l'atmosphère, comme le plâtre. Il est bon cependant, et peut-être très-important, de choisir un jour sombre ou un peu pluvieux.

On remarque que dans toutes les expériences dont il s'agit, le sel de fer a été répandu en une seule fois. Je crois qu'il serait avantageux de répandre la même quantité environ (plutôt plus que moins), à 8 ou 15 jours d'intervalle, et voici pourquoi : Si le sel est répandu par un temps sec, peut-être ne se dissoudra-t-il pas, et passera-t-il, en grande partie du moins, à l'état de peroxyde insoluble et inefficace, avant d'avoir pu agir sur la plante. Si, au contraire, on opère par un temps très-pluvieux, la dissolution sera trop prompte, trop instantanée, et le sel agira trop vivement. En faisant deux opérations, on a moins de chances de non succès.

*Sous le rapport théorique*, je donne une grande importance au paragraphe qui suit (Voir les objections consignées dans le *Journal des Engrais*, Réponse aux Observations).

Les sols en question ne sont nullement calcaires, mais essentiellement alumino-siliceux. La terre de M. Maître, que j'ai analysée avec soin, ne fait point effervescence avec les acides. Traitée par la potasse, pour en obtenir la dissolution, elle m'a donné sur cent.

| | |
|---|---|
| Silice très-pure. . . . . | 65. |
| Alumine et oxyde de fer. . . | 30. |
| Chaux, avec traces de magnésie. | 5, environ. |
| | 100. |

On se demandera sans doute comment le sulfate de fer peut agir avec efficacité sur un sol déjà très-ferrugineux. Qu'on se rappelle que l'oxyde de fer est tout-à-fait insoluble, que son sulfate est au contraire très-soluble dans l'eau.

Or, la plante n'absorbe aucune substance, organique ou non, à l'état solide; il faut nécessairement que cette substance soit à l'état de dissolution ou gazeuse. On pourrait faire la même demande en voyant le plâtre (sulfate de *chaux*) réussir sur les terrains *calcaires*. La réponse pourrait être la même.

Il est de toute évidence, comme l'a fait observer M. Chevreul, que le sulfate de protoxyde de fer, répandu sur un *terrain essentiellement calcaire*, doit donner naissance, en se peroxydant, à du sulfate de chaux et à un dégagement d'acide carbonique; mais ne devons-nous pas admettre que malgré cette décomposition partielle, du fer est absorbé par la plante, et qu'il agit réellement comme stimulant, comme principe essentiel à l'organisation de cette plante, de même qu'il est essentiel à la constitution du sang de l'animal, auquel il communique une énergie, une vitalité nouvelle. Je ne conteste pas cependant les effets accessoires du sulfate de chaux et de l'acide carbonique. Mais sur un sol alumino-siliceux, ne donnant aucune effervescence avec les acides, ne contenant que quelques centièmes de chaux, très-probablement à l'état de silicate, il n'est pas besoin de répéter que la formation du sulfate de chaux est impossible, sous l'influence du sulfate de fer.

Que devient donc l'acide sulfurique qui pourrait être mis à nu? Il est permis de croire qu'il se combine à l'alumine, pour former un sulfate d'alumine dont le rôle serait peut-être difficile à expliquer, ou bien l'explication de ce rôle entraînerait dans de trop longs développements.

En substituant le chlorure de fer au sulfate, la théorie sera à peu près la même. J'admettrai l'absorption du fer par les plantes, dans les deux espèces de sols. Dans les sols calcaires, il se formerait en outre du chlorure de calcium ; dans les sols alumino-siliceux, du chlorure d'aluminium : dans tous les cas, il y aura toujours du peroxyde de fer mis à nu.

Malgré les résultats heureux obtenus cette année par nos honorables agronomes, à la suite des applications agricoles du sulfate de fer, je me hâte de dire, et de dire bien haut que la question agricole est loin d'être complètement décidée.

De nouvelles et nombreuses expériences sont nécessaires pour amener la conviction.

J'ose donc faire un appel à tous nos agriculteurs, pour qu'ils veulent bien donner suite à des expériences commencées sous d'heureux auspices, il est vrai; mais auxquelles le temps et nos efforts réunis pourront seuls imprimer le sceau d'une conviction profonde.

Il est nécessaire de faire observer en terminant que le sulfate de fer *ne nourrit* pas la plante ; il active, il favorise la nutrition, comme le sel marin, par exemple, active, favorise la nôtre; il faut considérer le vitriol vert comme un amendement puissant, d'un prix tout-à-fait minime. C'est un engrais stimulant qui anime d'une manière étonnante le principe colorant de la feuille: c'est là son rôle. Les agriculteurs tomberaient dans une étrange et funeste erreur, s'ils pensaient que son application pût dispenser de l'emploi des engrais nutritifs ordinaires.

Quant aux doses de vitriol vert à employer en agriculture, on voit qu'en suivant celles que nous avons adoptées cette année, pour les expériences de M. Maître, il faut mêler quatre kilog. de ce sel concassé [1] à un hectolitre de terre pulvérulente pour 56 ares de superficie.

Pour opérer en nombres ronds, admettons huit kilogrammes de sel, parfaitement mélangés à deux hectolitres de terre pulvérulente par hectare de prairies artificielles. Nous dépensons

---

[1] Un kilogramme de sulfate de fer, tel qu'on le trouve dans le commerce, remplit la capacité d'un *litre* et un peu au-delà, comme je m'en suis assuré. Les agriculteurs qui n'ont pas de balances à leur disposition, pourront donc mélanger de 8 à 9 litres de vitriol à 2 hectolitres de terre.

Il est essentiel que le mélange soit parfait; voici comment il faut opérer : On égruge grossièrement la quantité de sel de fer à employer; on commence par la mêler parfaitement à deux pellerées de terre convenable, c'est-à-dire meuble et pulvérulente; on ajoute ensuite quatre pellerées de terre, on remue de nouveau, puis huit, et ainsi de suite.

donc 1 fr. 60 c. de vitriol vert [1]. A cette dose l'économie, comparativement à l'emploi du plâtre, est fort considérable. En effet, M. Mathieu de Dombasle conseille deux hectolitres de plâtre par hectare [2]; en portant le prix du plâtre seulement à 3 fr. 50 c. l'hectolitre, l'agriculteur fera une dépense de 7 fr.

L'économie sera donc assez forte, pour qu'on ne craigne pas de forcer la dose du sulfate de fer, si celle que nous indiquons ne produisait pas tous les effets attendus.

Quant aux doses à indiquer pour les Céréales, prairies naturelles, Colzas, etc., il serait bien difficile de les déterminer exactement aujourd'hui; en attendant que l'expérience ait prononcé, je pense qu'on peut se rattacher aux doses ci-dessus indiquées (en les forçant plutôt qu'en les réduisant), et au même mode d'emploi.

Si le commerce pouvait fournir le chlorure de fer à un assez bas prix, les doses seraient très-approximativement les mêmes.

---

[1] Qu'on se rappelle que nous conseillons d'opérer en deux fois. On répandrait donc d'abord un hectolitre de notre *terre vitriolisée* sur un hectare; puis le deuxième, à 8 ou 15 jours d'intervalle, selon le temps plus ou moins favorable à l'opération. Peut-être serait-il convenable de répéter trois ou quatre fois cette opération sur les Céréales, etc.

[2] Je crois que la plupart de nos agriculteurs modèrent davantage la dose du plâtre.

Je finis par cette dernière observation : c'est surtout sur les terrains calcaires qu'on pourrait forcer la dose des sels ferrugineux ; leur excès y serait moins à craindre que sur les sols alumino-siliceux, et surtout sur les sols essentiellement siliceux. Ces derniers doivent décomposer beaucoup moins facilement les sels dont il s'agit.

Quelques personnes ont demandé s'il n'était pas à craindre que le sulfate de fer ne finît par avoir, à la longue, une influence funeste sur les sols en général; il est admis, disent-elles, que le plâtre produit de semblables effets ; que les sols trop ferrugineux sont nuisibles à la végétation, etc.

Il est facile de démontrer que ces craintes sont chimériques.

Cent kilogrammes de sulfate de fer cristallisé, tel que nous l'employons, renferment 44 kilog. d'eau (d'après Berzélius). Sur cent kilogrammes nous n'avons par conséquent que 56 kilogr. de sel réel. Nous conseillons 8 kilogrammes par hectare, soit 4 kilogrammes sulfate sec, dont le fer protoxydé qui forme un peu moins de la moitié de la masse (le reste est de l'acide sulfurique) passe, en ne tenant pas compte de celui qui est absorbé par la plante, à l'état de peroxyde, en augmentant un peu de poids. Il s'agirait donc d'un peu plus de 2 kilogrammes de peroxyde de fer, qu'un *hectare de terrain* recevrait dans une année. Je demanderai à mon tour si raisonnablement on peut redouter les effets de ces

2 kilogrammes de rouille sur une surface de cette étendue.

Pour les plantes cultivées en pots, l'objection serait plus sérieuse; il est certain qu'en forçant la dose des sels de fer, comme je le fais maintenant sur les Hortensias, Orangers, etc.; la terre, au bout de quelques années, deviendrait essentiellement ferrugineuse. Mais tous les végétaux cultivés en pots, ne reçoivent-ils pas une terre nouvelle tous les deux ou trois ans, parfois même tous les ans?

# PREMIER RAPPORT

DE LA

## COMMISSION DES SELS DE FER,

FAIT AU COMITÉ AGRICOLE DE CHATILLON,

PAR M. DE POLI,

RAPPORTEUR-ADJOINT.

---

*Séance du 3 septembre* 1843.

---

Les sciences humaines, celles qui reposent sur des faits rigoureusement observés, sont filles de la pensée qui coordonna l'univers. Elles sont liées entre elles par des anneaux étroitement serrés, comme les éléments d'un corps parfaitement homogène. Elles se prêtent des secours mutuels à titre d'une commune origine.

L'agriculture, la plus ancienne et la plus utile des sciences, n'a pu marcher d'un pas assuré dans la voie des progrès, que lorsque ses sœurs puînées lui sont venues en aide pour la sortir de l'ornière dans laquelle l'empirisme et les préjugés la tenaient fatalement engagée.

La physique lui expliqua les phénomènes atmosphériques et les lois qui les régissent. La physiologie lui enseigna les méthodes de classement, le jeu des organes, la nutrition, la sécrétion, la croissance, en un mot les secrets de la vie végétale. Mais, c'est surtout à la chimie qu'elle fut redevable de la connaissance des faits les plus importants et les plus essentiels.

La croissance n'étant que la juxta-position des matières homogènes, la chimie qui nous fait connaître les divers éléments constitutifs de chaque plante, les terrains qui les possèdent, qui peuvent les contenir et les élaborer, nous indique d'une manière certaine le genre de culture applicable à chaque nature de terrain.

Qui ne connaît le *Traité de chimie appliquée à l'agriculture,* de sir Humphry Davy? qui ne sait les résultats obtenus par l'application des principes enseignés par l'illustre professeur anglais.

C'est encore à la chimie que nous sommes redevables de la connaissance des sels minéraux, et de leur précieux emploi en agriculture.

Le sulfate de chaux est depuis longues années en usage comme stimulant, à l'égard de quelques plantes herbacées.

Mais ce sel dont l'aptitude est restreinte pour ainsi dire à une seule famille, exige pour son emploi, déjà dispendieux, des circonstances qui ne se rencontrent pas toujours au gré des cultivateurs et selon les besoins de la culture.

La découverte d'autres sels, possédant les mêmes propriétés, mais obviant par leur nature aux inconvénients inhérents à celle du plâtre, serait déjà une conquête précieuse pour l'agriculture.

Elle serait autrement importante, si leur action était plus large, et si elle était d'une nature complexe.

Le moment est venu, Messieurs, de vous parler du sulfate de fer ; de notre joie et de notre orgueil de compter parmi nos confrères M. Gris, secrétaire du Comité, à qui des études approfondies en chimie et en botanique, sciences qu'il professe, et un esprit de lumineuse observation, ont révélé un des mystères que la nature tient cachés dans son sein pour ne les livrer qu'aux mortels par qui elle se laisse aborder avec un gracieux sourire (1).

Et qu'on ne dise pas qu'avant nous, d'autres agronomes ont conseillé l'emploi du sulfate de fer en agriculture.

Si quelque part on trouve ce sel vaguement indiqué, c'est pour des cas qui diffèrent essentiellement de ceux pour lesquels nous l'avons si heureusement expérimenté.

Nous sommes donc autorisés à proclamer hautement que l'application des composés ferrugineux solubles, aux plantes malades d'abord,

---

(1) J'ai vainement, et à plusieurs reprises, prié M. de Poli, de vouloir bien retrancher de son rapport ces éloges dont je suis touché et reconnaissant, mais que je ne dois qu'à une excessive indulgence.

J'ai besoin de déclarer à mes lecteurs, que si cela eût été en mon pouvoir, ce passage n'aurait pas été mis sous leurs yeux.

puis à l'agriculture en général, cette découverte qui promet de devenir si féconde en résultats heureux, est exclusivement due à notre digne confrère.

Les rapports qui lui ont paru exister entre la sève des végétaux et le sang des animaux, cette circonstance que les causes qui altèrent le sang affectent la sève, puisque la décoloration se remarque comme effet analogue dans les deux règnes, lui ont fait penser que le sulfate de fer agissant puissamment sur la cruorine du sang, devait être de la même efficacité sur la chromule des feuilles.

Dans le règne animal comme dans le règne végétal, nous voyons, sous le point de vue matériel et mécanique, les individus naître, c'est-à-dire commencer, vivre ou se développer, mourir ou se décomposer.

Mais la mort naturelle arrive rarement par la vieillesse ou l'obstruction des organes.

Une multitude de circonstances accidentelles trouble ou suspend l'action des forces vitales. De là les maladies qui altèrent les organes et qui abrégent la vie.

Dans les années pluvieuses, beaucoup de végétaux éprouvent une espèce de pléthore; l'eau remplit les vaisseaux et ne s'y élabore point; les huiles et les résines ne se forment point; les fruits sont sans saveur; les graines n'arrivent pas à parfaite maturité; les feuilles tombent; les racines se couvrent de moisissures et pourrissent.

La grande sécheresse de l'air et de la terre est encore plus nuisible à la végétation que l'excès d'humidité.

Une chaleur et une lumière trop vives excitent une grande transpiration et nuisent particulièrement aux jeunes pousses. Enfin les végétaux privés de lumière, et sous d'autres influences encore mal connues, se chlorosent. Cet étiolement a pour effet, entr'autres, la décoloration des feuilles et des fleurs, leur chute, l'allanguissement de toutes les parties de la plante, et sa mort prématurée.

La lacune si fâcheuse, en ce qui touche le traitement des plantes affectées par les diverses causes précitées, paraît aujourd'hui comblée. La pathologie végétale devra indiquer désormais les compositions ferrugineuses solubles comme pouvant être appliquées avec un succès certain à la plupart des plantes malades, surtout à celles débiles et étiolées.

Vous savez, Messieurs, quelle est la nature du sulfate de fer.

Essayons de déterminer, par les théories, quelle doit être son action sur les végétaux.

Selon toutes les probabilités, ce sel, pas plus que les détritus des substances minérales, n'est propre à la nutrition immédiate des plantes, qui semblent se nourrir à peu près exclusivement aux dépens de matières organiques tenues en dissolution dans le terrain, ou existant dans l'air sous forme de gaz.

Le sulfate de fer agirait donc à titre d'excitant sur les racines, en communiquant au chevelu une plus grande force d'absorption. Il donnerait peut-être encore au laboratoire du sang végétal une action plus vive, et la sève produite plus abondamment et dans les meilleures conditions, balancée dans les tubes qui la contiennent, communiquerait à toutes les parties de la plante une plus puissante végétation.

Un des effets du sulfate ou du chlorure de fer serait encore d'agir sur la chromule de la feuille, en la faisant reverdir de même que les préparations ferrugineuses agissent sur la cruorine du sang.

Or, dans cet effet, si énergiquement démontré par les expériences faites, consisterait pour les plantes un principe d'animation et de force.

Qu'il me soit permis d'indiquer à l'appui de cette assertion, et comme administration théorique de preuves, quelques principes de physiologie végétale.

Les feuilles ont été nommées des racines aériennes, parce qu'elles remplissent dans l'atmosphère les mêmes fonctions que les racines dans la terre. Ce sont aussi des espèces de poumons; car les fluides contenus dans le végétal, se portent dans les cellules des feuilles et y subissent, par le contact de l'air ambiant, des élaborations qui les rendent propres à la nutrition.

La physiologie nous enseigne que les feuilles, aussi bien que les autres parties vertes soumises à l'influence des rayons solaires, décomposent l'acide carbonique qu'elles reçoivent des racines ou qu'elles enlèvent de l'atmosphère, retiennent tout le carbone et rejettent presque tout l'oxygène.

Loi admirable et providentielle dont la contrepartie se trouve dans la respiration des êtres animés, qui maintient dans une parfaite harmonie la nature des milieux dans lesquels les individus des deux groupes du règne organique sont destinés à vivre.

Si nous nous rendons compte de la composition chimique des végétaux, nous reconnaissons que le carbone entre pour près de moitié dans la masse de leurs éléments constitutifs.

D'où la conséquence que les composés ferrugineux solubles, en excitant d'une part l'irritabilité des organes, augmentent la masse des sucs utiles absorbés par les racines, et en restituant aux feuilles des plantes chlorosées la couleur verte nécessaire à la décomposition du gaz acide carbonique, introduisent par cette autre racine végétale une masse abondante de sucs homogènes.

Mais toutes concluantes qu'elles puissent être, abandonnons les théories pour nous occuper du positif, résultant des faits observés.

A votre séance du deux juillet dernier, après avoir entendu la lecture du rapport de notre honorable confrère, M. Godin, sur les expériences précédemment faites et les résultats obtenus de l'action du sulfate de fer sur la végétation, vous avez décidé à l'unanimité qu'une médaille d'or portant inscription des motifs, serait accordée à M. Eusèbe Gris.

De son côté, M. Lacordaire, sous-préfet, président honoraire du Comité, proposa de faire des expériences sur une plus large échelle, et prenant en considération cette proposition, toute dans l'intérêt de l'agriculture et de notre lauréat, vous nommâtes une Commission spécialement chargée de poursuivre, observer, développer concurremment avec M. Gris, les expériences sur l'application des composés ferrugineux solubles, à la végétation.

Convoquée la première fois au domicile de M. Gris, samedi 22 juillet dernier, furent présents, MM. de Framery, Bourée et de Poli, membres de la Commission; M. Gris et M. Burger, employé de l'administration des eaux et forêts.

---

# PROCÈS-VERBAUX

## DES SÉANCES

## DE LA COMMISSION.

M. Gris met sous les yeux de MM. les Commissaires deux Hortensias appartenant à M. Mary, maire (lesquels sont cultivés en terre de bruyère), et une Calcéolaire *(Calceolaria pendula)* cultivée également en terre de bruyère. Cette plante appartient à Madame Laperouse.

Les deux Hortensias (le n° 1 surtout) sont complètement chlorosés et maladifs; leur végétation est expirante depuis ce printemps; il y a plus, depuis trois ans elle est languissante : leurs fleurs ne s'épanouissent plus, et ils ont en vain été confiés aux soins d'un jardinier-fleuriste. M. de Poli paraît douter du succès du traitement auquel va être soumis le n° 1, tant cet arbuste est en mauvais état, et engage M. Gris à faire ses réserves à ce sujet. M. Gris répond qu'il a quelque espoir de succès.

La Calcéolaire est moins maladive.

On opère par un temps couvert. Le thermomètre marquant 14° + 0.

Les trois plantes sont traitées par une dissolution de sulfate de fer (16 à 20 grammes par litre). L'Hortensia n° 1 a reçu un peu moins de 3/4 de litre; le n° 2 un 1/2 litre environ (M. Mary avait donné quelques jours auparavant un faible arrosement ferrugineux à ces arbustes). La Calcéolaire reçoit un 8e de litre environ.

MM. les Commissaires observent les résultats comparatifs obtenus précédemment, sur deux gros Lauriers-Roses, deux moyens, deux Commelines tubéreuses, deux Lychnis, etc., etc.

Ils remarquent aussi la belle végétation de plusieurs plantes traitées par le sulfate et le chlorure de fer, Calcéolaires, Hortensias, *Rhododendrum, Fabiana, Pelargonium,* etc., etc.

M. Bourée a visité la veille l'Hortensia de M. Poupon, dont il est fait mention dans la Réponse aux Objections; il a été surpris de la couleur vert foncé des feuilles et de leur développement.

M. Bourée veut bien accepter les fonctions de rapporteur de la Commission.

Toute la semaine a été pluvieuse, le thermomètre s'est maintenu de 8 à 14° + 0 (thermomètre Réaumur). Comme l'absorption était nécessairement lente, 16 à 20 grammes de sulfate de fer concassé, ont été jetés le mardi 24 juillet sur la terre de chaque Hortensia : l'eau du ciel en a opéré en grande partie la dissolution. Aucun rempotage n'a eu lieu, aucun engrais nutritif n'a été donné aux trois plantes en question. Dès le mercredi, M. Bourée avait remarqué sur ces trois plantes, surtout sur l'Hortensia n° 2, les bons effets du traitement.

*Signé*, Eug. DE FRAMERY, Jh. DE POLI, BOURÉE.

Le samedi 29, étaient présents, MM. Bourée, de Framery, Godin, Leclère, de Poli, membres de la Commission. MM. Leclère et Godin, absents à la première séance, n'ont pu établir de résultats comparatifs, sur les trois plantes expérimentées; ils ont été d'avis qu'elles n'offraient plus de signes sensibles d'étiolement. MM. Mariotte Félix, du conseil municipal, Duchêne-Thoureau, propriétaire, etc., assistent à la réunion.

MM. de Framery, Bourée et de Poli, se sont accordés pour reconnaître une amélioration notable dans l'état général des plantes. L'Hortensia n° 2 et la Calcéolaire sont en pleine convalescence. L'Hortensia n° 1 est en voie de guérison; déjà quelques feuilles ont reverdi sur toute la surface; sur les autres, on voit la chromule s'animer, se foncer sur les principales nervures et gagner insensiblement le tissu cellulaire.

Pour employer une expression énergique, mais vraie, de l'un de MM. les membres de la Commission, c'est un *cadavre ressuscité*. M. Gris fait observer que rarement il a obtenu un succès aussi prompt; il croit pouvoir l'attribuer à la dose élevée du sel de fer employé. En général, il est aujourd'hui plus hardi dans ses arrosements. On peut avancer en principe, que tous les végétaux à tige ligneuse supportent le sulfate de fer et le chlorure à doses beaucoup moins restreintes que celles qu'il propose dans sa première Notice. Au surplus l'expérience parlera chaque jour.

M. Gris prévient MM. les Commissaires qu'il a commencé hier des essais comparatifs sur quelques jeunes plantes à l'état normal dont les unes sont traitées par le *sulfate de cuivre*, les autres, soit par le sulfate, soit par le chlorure de fer (doses égales des trois sels). Ce sont deux *Fabiana*, deux *Cineraria king*, deux *Cheiranthus cheiri*, deux *Cheiranthus annuus*.

La Commission commence ensuite le traitement 1° d'un *Pelargonium (Daveyanum)* chlorosé : il est soumis à un arrosement au *chlorure de fer*. Cette espèce ou variété est très-sujette à la chlorose, du moins dans notre localité. 2° D'un Oranger dont les rameaux de l'année portent des feuilles étiolées et languissantes. Cet arbrisseau a en vain été soumis depuis mai dernier à l'action d'une eau chargée de colombine. Il reçoit 20 grammes environ de chlorure de fer dissous dans un litre d'eau. M. Gris prévient MM. les Commissaires, que jusqu'à présent le traitement des Orangers a demandé beaucoup plus de temps.

Le ciel se tient couvert presque constamment: thermomètre de 10 à 15° + 0 R.

Le mercredi 2 août, M. Maître, président de la Commission, a vu les plantes expérimentées sous les yeux de cette Commission, et a eu peine à croire que ces plantes eussent été chlorosées il y a 10 à 12 jours. M. Maître a été également frappé des résultats comparatifs obtenus par M. Gris, à l'aide des composés ferrugineux.

M. le président de la Commission exprime son regret de ne pouvoir se réunir tous les samedis à MM. les Commissaires, retenu qu'il est par les occupations agricoles dont il est accablé en ce moment.

*Signé*, DE FRAMERY, BOURÉE, GODIN, LECLÈRE et DE POLI.

Le samedi 5 août, sont présents, MM. de Framery et de Poli; M. le docteur Bourée, rapporteur, est retenu pour cause de maladie; M. Leclère et M. Godin ont déclaré que pour leur part leur conviction était entière depuis longtemps.

MM. de Framery et de Poli reconnaissent que la végétation de l'Hortensia n° 2 peut pour ainsi dire, lutter pour la vigueur et l'animation de la chromule, avec un autre Hortensia magnifique qui a reçu depuis ce printemps trois ou quatre arrosements ferrugineux [1], mais que cette végétation est plus belle que celle d'un autre Hortensia bien portant, qui n'a pas reçu d'arrosements en question. Ces trois plantes sont en présence. Dans quelque temps l'Hortensia n° 1 égalera le n° 2.

La *Pelargonium de Davey* reverdit : non-seulement cet effet se remarque sur les jeunes feuilles qui se développent; mais on voit la chromule s'animer peu à peu sur les anciennes feuilles, comme sur celles des Hortensias.

Sur l'Oranger on ne remarque point encore de résultats, ou du moins ils sont très-peu sensibles.

M. Gris fait remarquer à MM. les Commissaires la belle végétation d'un jeune *Cheiranthus annuus* (Quarantain), qui a reçu deux ou trois arrosements au *chlorure de fer*, comparativement à celle d'un autre Quarantain du même âge et tout-à-fait dans les mêmes conditions que le premier, mais qui n'a pas reçu cet amendement. M. Gris croit pouvoir en tirer la conclusion que les plantes de la famille des Crucifères de la grande culture (Colza, Navette, Moutarde, etc., etc.) se trouveraient bien sans doute de l'application du sulfate de fer. M. Gris a fait un semblable essai comparatif, sur deux *Cheiranthus*

---

[1] Les feuilles de cet Hortensia ont en général 20 à 22 centimètres de long sur 10 à 12 centimètres de large.

*cheiri* (Giroflée), de la même famille : résultat identique.

Au sujet des effets remarquables produits sur une Commeline tubéreuse par les dissolutions ferrugineuses, M. Gris fait également remarquer que cette plante de la division des Monocotylédonées n'est pas très-éloignée de la famille des *Graminées*, et que peut-être il est permis d'espérer que le sulfate de fer réussira sur les plantes de cette famille (Céréales).

Sur l'observation de M. de Framery, M. Gris fera dès l'époque des semailles quelques expériences comparatives *en petit* sur des froments.

M. Gris met sous les yeux de MM. les Commissaires huit plantes (deux *Fabiana*, deux Primevères, deux Cinéraires, deux *Cheiranthus cheiri*), dont il a été question dans la réunion précédente. Un *Fabiana*, une Primevère, une Cinéraire, un *Cheiranthus*, ont reçu trois arrosements au sulfate de fer pendant cette semaine (16 grammes par litre d'eau). La végétation de ces quatre plantes est belle et vigoureuse. Les quatre autres plantes ont reçu trois arrosements au sulfate de cuivre (16 grammes par litre d'eau). Elles sont aujourd'hui mortes ou expirantes (elles sont toutes mortes depuis).

Les composés cuivreux à certaines doses, tuent les plantes comme les animaux. Les composés ferrugineux fortifient, stimulent les animaux comme les plantes. Les sels de zinc et autres seront successivement étudiés [1].

Enfin M. Gris fait remarquer à MM. les Commissaires des feuilles détachées d'un Dahlia, soumis au traitement ferrugineux par le sulfate de fer, feuilles sur lesquelles il a versé une légère dissolution de prussiate de potasse ferrugineux, et quelques gouttes d'acide sulfurique. Ces feuilles ont donné beaucoup plus de bleu de Prusse, elles sont plus fortement colorées en bleu que d'autres feuilles de Dahlias non traités, soumises à l'action des mêmes réactifs.

Même essai comparatif par la noix de galle : même résultat.

Même essai comparatif sur une feuille de Commeline tubereuse traitée par le chlorure de fer : même résultat.

Le fer est donc réellement absorbé par le végétal : la feuille reverdit quand l'oxyde de fer y est arrivé (voir l'Appendice).

MM. les Commissaires déclarent en se retirant que dès aujourd'hui leur religion est suffisam-

---

[1] Maintenant que la carrière est ouverte, il est très-probable que chacun va préconiser *son sel curatif;* qui les sels de chaux, qui les sels de potasse, d'alumine, de cuivre, etc., etc.

On peut d'avance être convaincu que pas un seul ne remplacera les sels de fer, ni sous le rapport des effets (la théorie l'indique), ni sous celui des prix, de l'innocuité, etc.

ment éclairée, et leur conviction complète sur les expériences qui donnent lieu à leur réunion; que leur mission est pour ainsi dire terminée, et que le fait en général est constaté. Sur les observations de M. Gris, MM. les Commissaires voudront bien continuer encore quelque temps leur visite hebdomadaire.

M. Gris propose à ces Messieurs le traitement d'une Pensée de pleine terre chlorosée, et d'un troisième Hortensia, en terre de bruyère, également chlorosé depuis quatre mois; cet arbuste est très-maladif. Il appartient à M. Bobin, notaire.

Enfin on appliquera pour essai le sulfate de fer à un *Fuchsia coccinea* dont toutes les feuilles supérieures sont non pas chlorosées, mais rouges.

Signé, Eug. DE FRAMERY, J[h]. DE POLI.

Le samedi 12 août, étaient présents MM. Maître, président de la Commission, de Framery, de Poli, Godin, Laperouse Louis et Gris. MM. Nisard, député de Châtillon, Laperouse, président du tribunal de première instance, Boulanger, conservateur des hypothèques, ont assisté à la réunion, et ont paru prendre un vif intérêt aux expériences qui en sont l'objet.

Sur l'observation d'un membre, comme l'indisposition de M. le docteur Bourée, rapporteur, se prolonge, et que son état de souffrance ne lui permet pas de joindre ses propres observations à celles de MM. ses collègues, la Commission pense qu'il est convenable de nommer un rapporteur-adjoint, qui voudra bien s'entendre avec M. le docteur Bourée, pour la rédaction du rapport que cette Commission est dans l'intention de publier dans les premiers jours de septembre. M. de Poli, inspecteur des forêts, est prié d'accepter ces fonctions; M. de Poli répond affirmativement à la demande unanime de MM. les Commissaires.

Les expériences comparatives faites sur quatre Lauriers roses, deux Dahlias, deux Hortensias, deux Commelines, deux *Lychnis grandiflora*, deux *Cheiranthus annuus*, deux *Cheiranthus cheiri*, etc., excitent à un haut degré l'attention de la réunion. Toutes ces plantes étaient à l'état normal, quand les expériences ont commencé, à l'exception du *Cheiranthus cheiri* qui était fort malade quand on l'a soumis au traitement ferrugineux, et d'une Commeline qui avait un commencement de chlorose. Les deux Dahlias, de même variété, proviennent de deux boutures, d'une grosseur, d'une force semblables, et ils sont cultivés en deux pots de capacité égale, et dans une terre absolument de même nature, ainsi que toutes les autres plantes.

Toutes celles qui ont été soumises au traitement ferrugineux offrent la végétation la plus vigoureuse. Les Lauriers roses ont donné des pousses admirables de 30 centimètres de long; les plus longues des deux autres ont au plus 20 centimètres.

La Commeline est également d'un tiers au moins plus forte dans toutes ses parties; le nombre des fleurs et des fruits est aussi beaucoup plus considérable; ses jolies fleurs sont d'un bleu plus azuré. La chromule des plantes traitées, est sans exception plus foncée, les feuilles plus lisses, plus larges, plus brillantes. En un mot il est impossible de les confondre avec leurs voisines, qui cependant sont en bon état de santé.

On s'occupe ensuite des végétaux traités sous les yeux de la Commission. Il n'y a plus rien à dire sur les trois plantes, Hortensias n$^{os}$ 1, 2, et Calcéolaire; la guérison est complète. Le *Pelargonium de Davey* reverdit de plus en plus.

L'Hortensia n° 3 qui a reçu un arrosement au chlorure mardi dernier, semble déjà s'animer; il en est de même de la Pensée de pleine terre. L'Oranger reverdit décidément sur quelques rameaux. Les feuilles rouges du *Fuchsia* n'ont pas changé de teinte; mais celles qui se développent à l'extrémité des rameaux apparaissent vertes. M. Gris met sous les yeux de la Commission, un Jasmin naguère maladif, envoyé par M. Beaubis, officier retraité.

M. Gris propose à MM. les Commissaires le traitement 1° d'un *Cheiranthus cheiri*, qui ne présente pas de signes de *chlorose* proprement dite;

les feuilles tournent plutôt au brun violâtre ; elles se contournent, etc. Enfin le végétal est fort malade (Cette affection paraît avoir quelque analogie avec la *Rouille* des jardiniers). Il reçoit un arrosement au chlorure de fer.

2° D'un Hortensia (n° 4) appartenant à M. Bardin, secrétaire de la mairie ; cet arbuste végète dans une terre peu convenable (terre calcaire ordinaire de nos jardins avec une faible addition de terre de bruyère) ; il est expirant. Le traitement, sans rempotage, sans engrais nutritif (cette condition est générale pour toutes les plantes expérimentées sous les yeux de la Commission), est appliqué au chlorure de fer.

3° D'une Glycine (*sinensis*) de M. Godin. Au sujet de cette plante M. Gris fait quelques réserves. Ses feuilles (elles sont caduques à l'automne) présentent plutôt les signes d'une chute prochaine, que ceux de la chlorose. Elle est cultivée en terre de bruyère ; elle reçoit un arrosement au chlorure de fer.

Le temps est couvert, le vent est au nord-est, le thermomètre indique 12 à 14° Réaumur ; mais plusieurs jours de la semaine ont été plus chauds.

Point de pluie depuis lundi.

Signé, Maitre-Humbert, Eug. de Framery, Godin aîné, de Poli, L. Laperouse.

Tel est, Messieurs, le résultat des investigations auxquelles nous nous sommes livrés avec une attention soutenue et un soin particulier, pour remplir le plus convenablement possible la tâche que vous nous avez imposée.

C'est la première page du Mémoire qui devra être successivement soumis à votre examen.

Elle offre des résultats certains à l'égard des individus soumis à l'action des sels de fer. Mais si dans les cas analogues, les mêmes effets répondent aux mêmes causes, nul doute que les nouveaux comptes que nous aurons à vous rendre, ne présentent la solution de ce problême, à savoir :

Que les composés ferrugineux solubles, appliqués aux Céréales, aux plantes des prairies et aux grands végétaux, accroissent leur irritabilité en leur communiquant une plus grande force d'absorption, opèrent puissamment sur la coloration des feuilles et des tiges, rendent aussi plus facile la décomposition de l'acide carbonique, et augmentent à tous égards la force végétative et l'action vitale.

En terminant ma tâche, qu'il me soit permis d'exprimer mes regrets de faire entendre dans cette réunion ma voix faible et inexpérimentée, suppléant dans ce travail notre honorable vice-président et rapporteur de la Commission, empêché par une pénible indisposition.

Espérons que sa santé bientôt rétablie lui

permettra de reprendre ses travaux interrompus. Nous trouverons dans ses lumières et son expérience, un guide sûr, et les comptes successifs qu'il voudra bien vous rendre, auront comblé les lacunes et les imperfections de ce premier rapport.

Déférant à l'invitation qui m'était faite, et dans le cas tout spécial où nous nous sommes trouvés placés, j'ai dû imposer silence à des appréhensions trop légitimes. Mon empressement à m'acquitter d'un devoir, et l'abnégation de mes sentiments d'amour-propre, seront un titre à vos yeux, et vous auront disposés, j'ose le croire, à m'écouter avec bienveillance et une indulgente attention.

Châtillon, le 26 août 1843.

Jh DE POLI,
*Inspecteur des Forêts, rapporteur-adjoint de la Commission.*

# COMMISSION DES SELS DE FER.

*Séance du 26 août* 1843.

Etaient présents, MM. Maître, président de la Commission, Godin, trésorier du Comité, de Framery, de Poli, Leclère aîné, Laperouse Louis, Commissaires; MM. Mariotte, premier adjoint au maire, et Corrot, propriétaire-horticulteur, assistent à la réunion.

M. Gris demande à la Commission, la permission de lui donner lecture d'une préface qu'il doit ajouter à la deuxième édition de son travail, édition qui paraîtra le 10 septembre prochain; si quelques-unes des considérations qu'on y trouve, étaient énoncées ou développées par des revues scientifiques ou agricoles, avant cette époque, M. Gris, après la communication qu'il a l'honneur de proposer, ne pourrait pas être soupçonné d'emprunt ou de copie. Cette lecture a lieu.

M. de Poli, rapporteur adjoint à M. le docteur Bourée, toujours retenu pour cause de maladie, donne également lecture du premier rapport de la Commission; ce travail est écouté avec un vif intérêt, et ne donne lieu à aucune réclamation de la part de MM. les Commissaires.

M. de Poli en terminant, déclare à MM. les

Commissaires que son intention est de faire une proposition au Comité agricole de l'arrondissement de Châtillon, dans sa séance du 3 septembre prochain. L'honorable rapporteur voudrait que par un vote spécial le Comité appelât sur le travail et les expériences de M. Gris, l'attention, l'intérêt particulier, de S. E. le ministre de l'agriculture et du commerce, des Sociétés royales d'agriculture et d'horticulture, et des autres Sociétés dont la mission est d'encourager, de récompenser les améliorations industrielles et agricoles.

La Commission, à l'unanimité, s'associe au projet de l'honorable rapporteur.

La Commission procède ensuite à la visite des plantes expérimentées sous ses yeux, depuis le 22 juillet dernier, et spécialement de celles dont le traitement a commencé dans ses dernières réunions; depuis cette époque elles ont toutes reçu deux ou trois arrosements ferrugineux.

L'état des Hortensias nos 3 et 4 s'améliore de jour en jour; le n° 4, en dépit de la nature du sol dans lequel il végète, s'anime et verdit presque avec autant d'intensité que le n° 3 ; des boutons à fleurs se développent.

M. Gris fait remarquer à MM. les Commissaires un Hortensia n° 5 qui lui a été remis par M. Leseurre, juge-suppléant. Cet arbuste chlorosé et maladif, au lieu d'être traité par le sel de fer, a reçu une très-légère dissolution de sel marin, vanté par quelques horticulteurs comme amendement (environ 20 ou 30 centigr. dans un verre d'eau); au bout de deux heures son état a empiré; au bout de 24 à 36 heures il était mort.

La Pensée de pleine terre est en belle végétation.

L'Oranger est à l'état normal.

Le *Cheiranthus cheiri* atteint d'un commencement de *rouille* (?) reprend les apparences de la santé.

La Glycine de la chine, malgré le peu d'espoir qu'avait M. Gris, au sujet du traitement, a reverdi d'une manière manifeste.

Enfin M. Gris attire l'attention de la Commission 1° sur une *Salvia patens*, un *Ipomœa nil* et un *Ænothera odorata* (ces deux derniers de pleine terre). Ces plantes, naguère dans un état de faiblesse, ont reçu quelques arrosements au chlorure de fer. Elles sont pleines de vigueur et leur chromule est très-foncée. 2° sur deux *Erica*, remis par le jardinier de M. Godin, il y a trois semaines environ; l'état de souffrance de ces deux arbustes était tel, que M. Gris n'avait pas osé en proposer le traitement. Ils ont reçu trois ou quatre arrosements au chlorure de *fer très-étendu* (cette précaution est indispensable pour les bruyères). Les effets semblent merveilleux; la Commission les constate. (Cependant en examinant le lendemain avec attention la partie inférieure de la tige de ces plantes, M. Gris s'aperçut que la sève était peu abondante, que l'enveloppe herbacée paraissait brunir : cette affection date de loin, et il craint que les bons effets du traitement ne se soutiennent pas); quant à toutes les autres plantes expérimentées, leur état excite l'étonnement et l'admiration de MM. les Commissaires (1).

Ainsi donc sans tenir compte de ces deux bruyères, sur 15 ou 16 plantes environ, dont la plupart étaient dans un état de chlorose et de débilité complètes, et dont le tiers au moins devait périr, 14 ou 15 se sont guéries complètement, sous les yeux de la Commission, et sous l'influence des sels de fer. Une seule a succombé, mais par suite de l'application excessivement modérée du sel marin. Tous ces végétaux ont été traités à l'ombre, à l'exception de l'Oranger, de la Pensée, de

(1) Toutes les fois qu'on verra la végétation des bruyères ou d'autres plantes délicates, s'arrêter, languir; que les feuilles inférieures se dessécheront, tandis que les supérieures se chloroseront, avant d'appliquer le traitement ferrugineux, il faudra enlever légèrement avec l'ongle un petit lambeau de l'épiderme à la partie tout-à-fait inférieure de la tige; si la sève ne descend plus, s'il n'y a plus sous cet épiderme de cellules vertes, humides, vivantes en un mot, il est inutile de commencer ce traitement, il ne réussira pas; je fais cette observation pour qu'on n'attribue pas aux sels de fer la mort du végétal, et je ferai la même remarque dans tous les cas où ce végétal sera atteint d'une lésion décidément mortelle.

la *Salvia patens*, de l'Ipomée, qui étaient placés à mi-soleil.

Avant de se séparer, M. Gris montre à l'honorable Commission, deux grands pots de capacité à peu près égale, remplis d'une terre de nature absolument semblable, dans chacun desquels il a semé 38 grains de blé d'automne.

Le blé a levé le 15 août ; le 21, par un temps sombre et pluvieux, le plus petit des pots a reçu un très-léger arrosement au chlorure de fer; on ne remarque pas encore d'effet appréciable[1]. Ces expériences seront répétées bientôt sous les auspices de MM. Maître et Godin, sur des parcelles de terre semées en blé d'automne. On déterminera ainsi, si l'application des sels de fer aux céréales serait utile avant l'hiver.

On se sépare sans ajournement déterminé. Le fait est constaté. La question floricole est décidée aux yeux de la Commission.

Signé, MAITRE-HUMBERT, Eug. DE FRAMERY, DE POLI, L. LAPEROUSE, LECLÈRE aîné, GODIN aîné.

---

[1] Aujourd'hui 8 septembre, après trois légers arrosements, la différence est manifeste.

# EXTRAIT DU PROCÈS-VERBAL

DE LA SÉANCE

## DU COMITÉ D'AGRICULTURE

DE CHATILLON,

*En date du* 3 *septembre* 1843.

---

Etaient présents, MM. Lacordaire, Sous-Préfet, président honoraire, membre de la légion d'honneur; Maître-Humbert, président, membre de la légion d'honneur; Godin aîné, trésorier; Baudoin, propriétaire-agriculteur à Châtillon; Botot de Saint-Sauveur, propriétaire-agriculteur, et maire de Buncey; Gontard, pharmacien-chimiste à Châtillon; Laperouse, président du tribunal de 1re instance, membre de la légion d'honneur; Laperouse Louis, président du tribunal de commerce; Laribe, propriét.-agricult. à Griselles; Leclère, maître de poste; Mian, artiste vétérinaire à Aisey; Oudin, propriétaire-agriculteur à Aisey; de Poli, inspecteur des forêts; Viardin, artiste vétérinaire à Châtillon, tous membres du Comité, et le secrétaire.

Après la lecture du premier rapport de la Commission, M. de Poli, rapporteur, satisfaisant à l'invitation de MM. les Commissaires, prie M. le président du Comité, de vouloir provoquer un vote à l'effet d'appeler sur le travail et les expériences de M. Gris l'attention et l'intérêt de S. E. le ministre de l'agriculture et du commerce, etc., etc.

Unanimement et par acclamation, sur la proposition de M. le président, le Comité d'agriculture de Châtillon-sur-Seine appelle par un vote spécial, sur le travail et les expériences de son secrétaire, l'intérêt et l'attention de S. E. le ministre de l'agriculture et du commerce, des Sociétés royales d'agriculture et d'horticulture, de celle d'encouragement, et de celles en un mot qui ont pour mission d'encourager, de récompenser les améliorations industrielles ou agricoles.

Suivent les signatures.

Pour copie conforme :

MAITRE-HUMBERT, président.

Pour le Secrétaire :

*Le Rapporteur de la Commission,*

DE POLI.

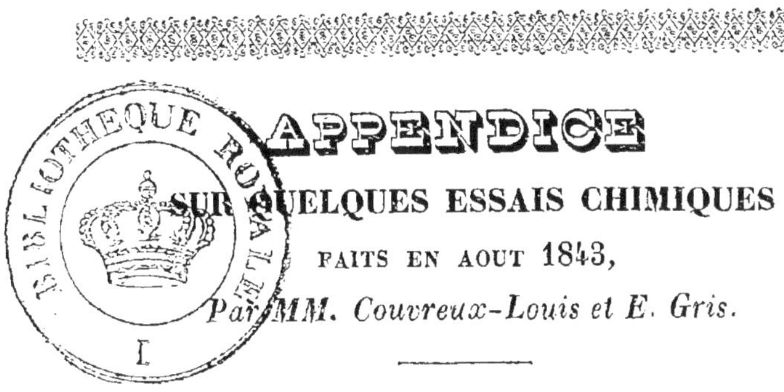


# APPENDICE

## SUR QUELQUES ESSAIS CHIMIQUES

FAITS EN AOUT 1843,

*Par MM. Couvreux-Louis et E. Gris.*

---

Au commencement de mai 1843, deux boutures ou plutôt deux turions furent détachés d'un Dahlia blanc panaché; ces deux turions avaient environ 10 centimètres de hauteur, étaient de la même force, et l'on avait eu soin de laisser à chacun un petit fragment du collet pour faciliter la reprise; ils furent placés dans de grands pots de capacité égale, remplis de terre tout-à-fait de la même nature (terre calcaire légèrement alumino-siliceuse de nos jardins, convenablement fumée). Quatre jours après la plantation, l'un des deux reçut un arrosement au sulfate de fer. Cet arrosement a été répété tous les dix ou douze jours jusqu'à l'époque de notre analyse. Les deux Dahlias furent placés à la même exposition, et ils ont reçu les mêmes soins.

Après 8 ou 10 jours, on remarquait une différence tranchée entre les deux plantes; la *sulfatisée* se développait avec plus d'énergie, ses feuilles étaient d'un vert plus foncé. Pour une cause qui m'est tout-à-fait inconnue, elle demeura stationnaire pendant quelque temps, de manière que sa rivale parut s'en rapprocher pour la vigueur de la végétation ; mais cela dura peu : la première reprit bientôt tous ses avantages ; les tiges centrale et latérales devinrent plus hautes, plus fortes, et la chromule de ses feuilles s'anima tellement, qu'au moment de l'analyse, il était très-facile de les séparer à la simple vue, quand on les avait mêlées à dessein avec les feuilles de l'autre Dahlia ; aujourd'hui, cette distinction est tout aussi facile à établir.

La même expérience comparative a été faite sur deux Dahlias dont l'un a reçu des arrosements au chlorure de fer ; mais les deux turions ne proviennent pas de la même racine.

Le 16 août 1843, M. Couvreux et moi nous avons détaché des feuilles des Dahlias en question ; ces feuilles recueillies sur les parties inférieure, moyenne et supérieure des tiges, n'étaient recouvertes d'aucune substance étrangère ; elles ont été placées dans des papiers blancs, soigneusement étiquetés, et portées au laboratoire de M. Couvreux.

Une partie des feuilles de chaque échantillon fut desséchée à 100°, dans une étuve de Gay-Lussac. Pesées avec le plus grand soin, dans une balance pouvant peser de 150 à 200 grammes, et sensible au demi-milligr., ces feuilles furent introduites dans trois creusets en platine, et incinérées dans un fourneau à moufle à une température élevée. L'incinération a demandé 30 à

40 minutes. Les cendres pesées, furent en premier lieu traitées par l'eau distillée, à l'effet de séparer les sels solubles. Le résidu fut dissous complètement au moyen de l'acide chlorhydrique. En suivant ce procédé, nous avions déjà commencé à doser quelques acides et quelques bases, lorsque nous arrivâmes à reconnaître que notre manière d'opérer, qui sous beaucoup de rapports eût présenté des avantages, était réellement vicieuse. En effet le *chlorure de fer* et plusieurs autres sels se volatilisent à la température élevée que nous avons été forcés d'employer pour cette incinération.

Nous eûmes donc recours au procédé suivant.

D'autres feuilles du Dahlia *sulfatisé*, furent recueillies et séchées à 100° avec toutes les précautions convenables. Retirées de l'étuve, nous en avons pesé 4,508 millig.; cette quantité a été traitée par l'acide azotique, dans une capsule de porcelaine, maintenue au point d'ébullition. La dissolution fut presque complète; cependant on remarquait encore une sorte de pulpe blanchâtre, provenant du ligneux imparfaitement attaqué; le tout fut jeté sur un filtre, et lavé jusqu'à ce que les eaux du lavage n'indiquassent plus aucune réaction acide. La liqueur filtrée était jaune et très-limpide; évaporée à siccité, elle a commencé à présenter un résidu charbonneux, que nous avons immédiatement traité par suffisante quantité d'azotate de potasse très-pur, à l'effet de brûler le carbone de la matière organique. La masse a été chauffée jusqu'à ce quelle fût devenue complètement blanche, et traitée par l'acide chlorhydrique, jusqu'à ce que l'acide azotique en excès eût été entièrement décomposé ; desséché jusqu'à siccité et refroidi, le résidu humecté avec de l'acide chlorhydrique fut ensuite étendu dans suffisante quantité d'eau qui laissa de très-faibles vestiges de silice.

On versa dans la solution un faible excès de sulfhydrate d'ammoniaque, qui précipita l'alumine et le *fer*, principe dont nous cherchions avant tout à déterminer la proportion. Le sulfure double recueilli sur un filtre fut redissous dans l'acide chlorhydrique qui opéra la séparation du soufre. La liqueur ne renfermant plus alors que des chlorures de fer et d'aluminium, fut traitée par l'hydrate de potasse, qui sépara l'alumine du fer oxydé.

Cet oxyde reçu sur un filtre, fut redissous dans l'acide chlorhydrique et précipité par l'ammoniaque, à l'état de pureté. (Nous eûmes recours à cette opération pour acquérir la certitude que nous avions enlevé à l'oxyde de fer la potasse qu'il aurait pu retenir.)

L'oxyde de fer recueilli sur un filtre pesé, fut calciné avec le filtre dans un petit creuset taré, et ensuite humecté avec quelques gouttes d'acide azotique, pour ramener à l'état de sesqui-oxyde la portion qui aurait pu être réduite par le charbon provenant du filtre.

Desséché de nouveau à la température rouge et enfin pesé, cet oxyde se trouve avoir un poids de 0,023.

Une opération tout-à-fait identique eut lieu pour un même poids de 4,508 de feuilles desséchées, provenant du Dahlia non sulfatisé, ou naturel.

Le sesqui-oxyde de fer obtenu pesait 0,014.

Ce qui donne dans le premier cas 0,005102, ou environ un demi pour cent.

Et dans le second 0,00 3105, ou environ un tiers pour cent.

Pressés par le temps, nous n'avons pu nous occuper en ce moment que du fait principal ; à savoir le dosage du fer, dans deux plantes complètement identiques, sous le rapport de l'espèce, de la variété, du sol, et qui ne diffèrent en un mot, qu'en ce que l'une des deux a été soumise, comme nous le disons plus haut, au traitement par le sulfate de fer.

Mais notre intention est de reprendre sur une plus grande échelle ces mêmes analyses, en déterminant tous les sels qui dans les plantes en question, accompagnent le fer, et en y ajoutant l'analyse complète des matières inorganiques existant dans le Dahlia traité par le chlorure de fer; persuadés que nous sommes à l'avance, que les résultats comparatifs seront encore plus tranchés.

---

Je m'arrête ici, j'ai dit toute la vérité, rien que la vérité : je n'ai rien retenu pour moi-même, comme le font certains vendeurs de secrets, qui souvent n'en dévoilent que la moitié ; j'ai tâché de répondre aux objections qui m'ont été présentées ; j'ai prévenu en quelque sorte, celles qui pourraient être faites par la suite : j'espère que ma tâche s'avance ; il y a trop longtemps que je suis sur la brèche pour soutenir des faits désormais incontestables : il me tarde d'en descendre ; il me tarde de rentrer dans le silence et l'obscurité, premier besoin de ceux que des douleurs de toute nature ont brisés avant le temps.

Deux questions se rattachent à ce travail : la *théorique* et la *pratique*. De nouveaux rapprochements entre les deux règnes organisés ressortent évidemment de la première : je n'ignore pas que de très-bons esprits, que d'autres qui s'effarouchent de tout, sont disposés à rejeter, à blâmer ces rapprochements : ils s'écrient qu'on en abuse. Comme eux, je repousserai l'abus ; mais toutes les discussions du monde n'empêcheront pas *ce qui est*, *d'être* ; à savoir que la cruorine et la chromule ont entre elles de nombreuses analogies, et que le fer, quand il est absorbé, agit sur la plante comme sur l'animal.

Quant à la question pratique, un ou deux mois d'expériences consciencieuses, surtout dans les saisons les plus convenables, suffisent à sa solution.

Si ce travail, que j'ai publié, parce que dans dans le fond de mon âme, je le crois utile, eût paru sous le nom ou sous le patronage des illustrations savantes de notre époque, certes, il aurait eu déjà quelque retentissement; il a bien fallu nous suffire à nous-mêmes, et des faits irrévocablement établis dans notre, ville sont peut-être à peine soupçonnés à quelques lieues de nous.

J'ai été peiné, mais non irrité de l'indifférence du plus grand nombre. Pouvait-il en être autrement? Un nom absolument inconnu inspire en général peu de confiance, et je sais qu'il est facile de confondre l'honnête homme et le charlatan déhonté.

J'ai été profondément touché de quelques paroles encourageantes, venues du dehors, et qui me flattaient d'autant plus qu'elles étaient plus rares. Je remercie la presse scientifique de Paris, d'avoir bien voulu ouvrir ses colonnes à quelques notes d'un professeur provincial; mais c'est surtout au député de Châtillon, auquel tant de reconnaissance m'attachait déjà, c'est au chef administratif de l'arrondissement, au Comité d'agriculture, à ses Commissaires si zélés; c'est à toutes les personnes qui ont répété mes expériences, ou qui m'ont aidé de leur collaboration, qu'il m'est doux d'adresser ici l'hommage public de ma gratitude.

Sans cet appui j'aurais été découragé, et si cet opuscule doit amener d'utiles résultats, que ceux de mes compatriotes dont je suis l'ami ou l'obligé, consentent à partager avec moi le plaisir, je n'ose pas dire la gloire du succès.

Châtillon, 1er septembre 1843.

Châtillon, Imp. de C. Cornillac.

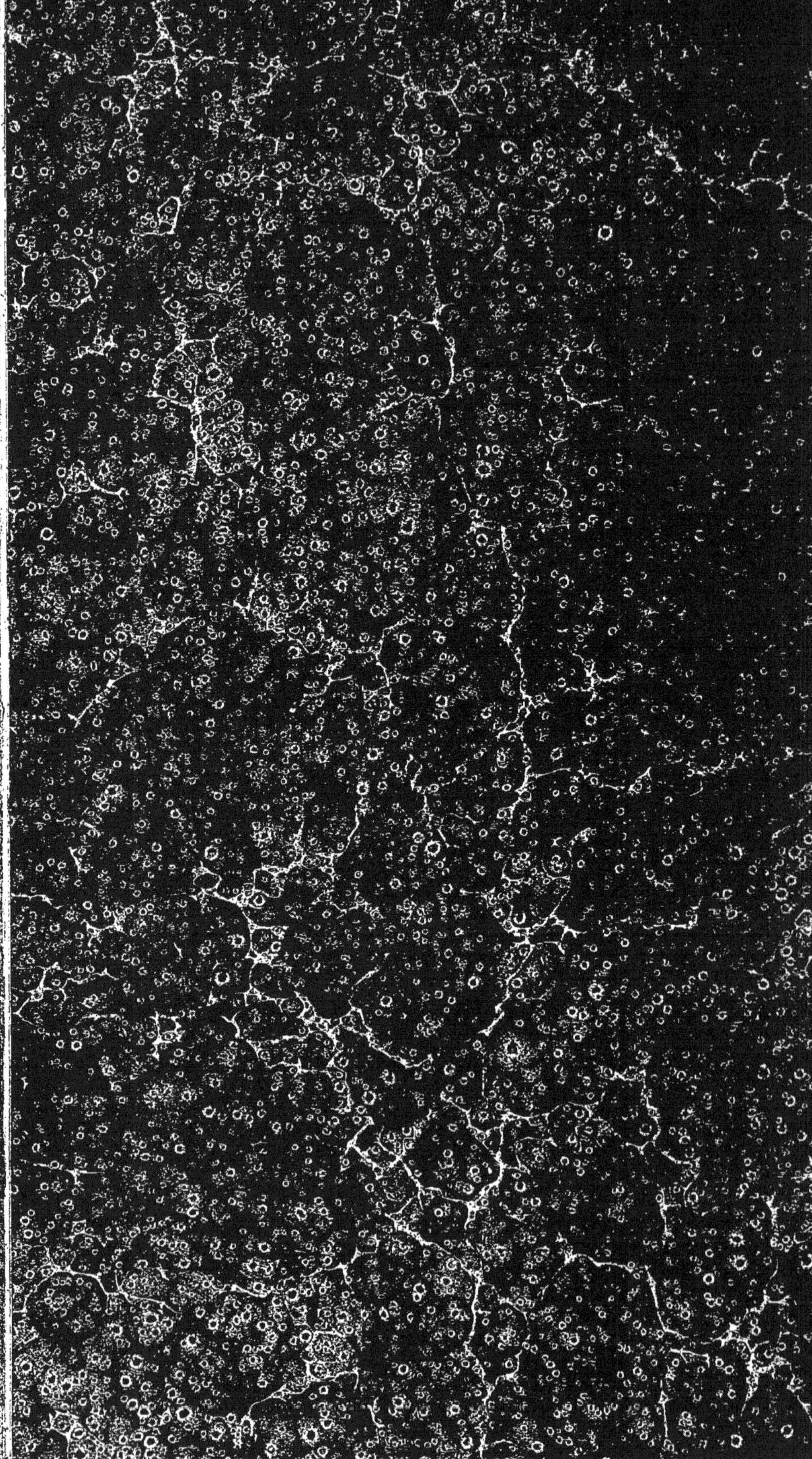

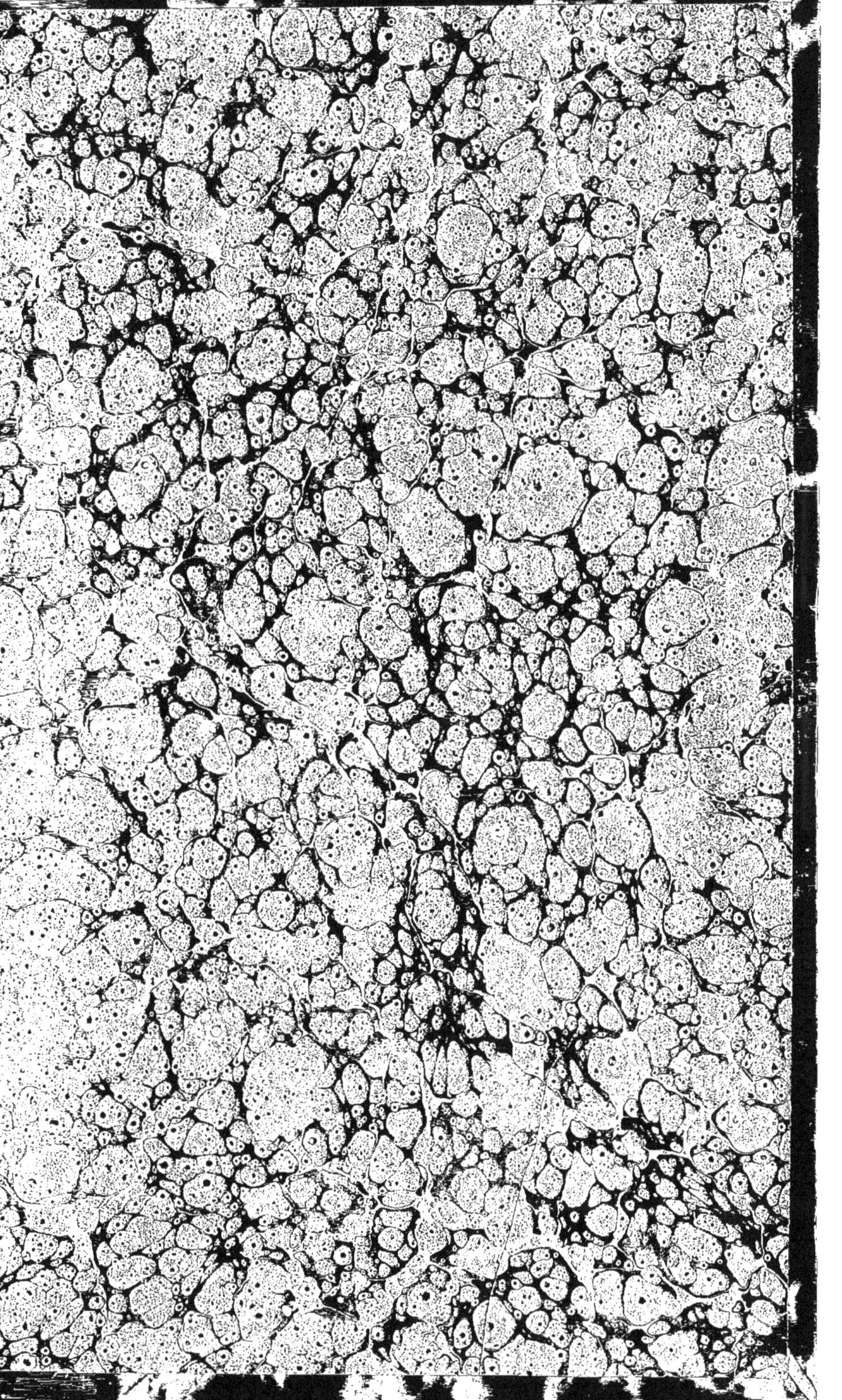

www.ingramcontent.com/pod-product-compliance
Ingram Content Group UK Ltd.
Pitfield, Milton Keynes, MK11 3LW, UK
UKHW021233230726
13926UKWH00003B/1412

9 782013 616126